CONCOURS POUR L'ATTRIBUTION D'UN PRIX AU MEILLEUR TRAITÉ
DE
L'EXPLOITATION DE L'HALFA
(Arrêté du Gouvernement-Général de l'Algérie — 22 Janvier 1885)

L'HALFA

ÉTUDE INDUSTRIELLE ET BOTANIQUE

PAR

Mario VIVAREZ

INGÉNIEUR CIVIL AUX ÉTUDES DES CHEMINS DE FER D'ALGER A LAGHOUAT

ارقد بالسلامة يا جبل محجاري في الصيف
في الشتا طلحي

« Ergoud besselend ya Djebel Cahary
« Fi sif seguisfti ou fachta iguetlijfi

Que nos vœux de salut soient toujours
avec toi ô Djebel Cahary, toi qui durant
l'été donnelła fraîcheur par tes seguyas et
dans l'hyver l'abri avec les chaumes de
tlell

MONTPELLIER
IMPRIMERIE DE JEAN MARTEL AINÉ
rue Blanquerie 3, près de la Préfecture

1886

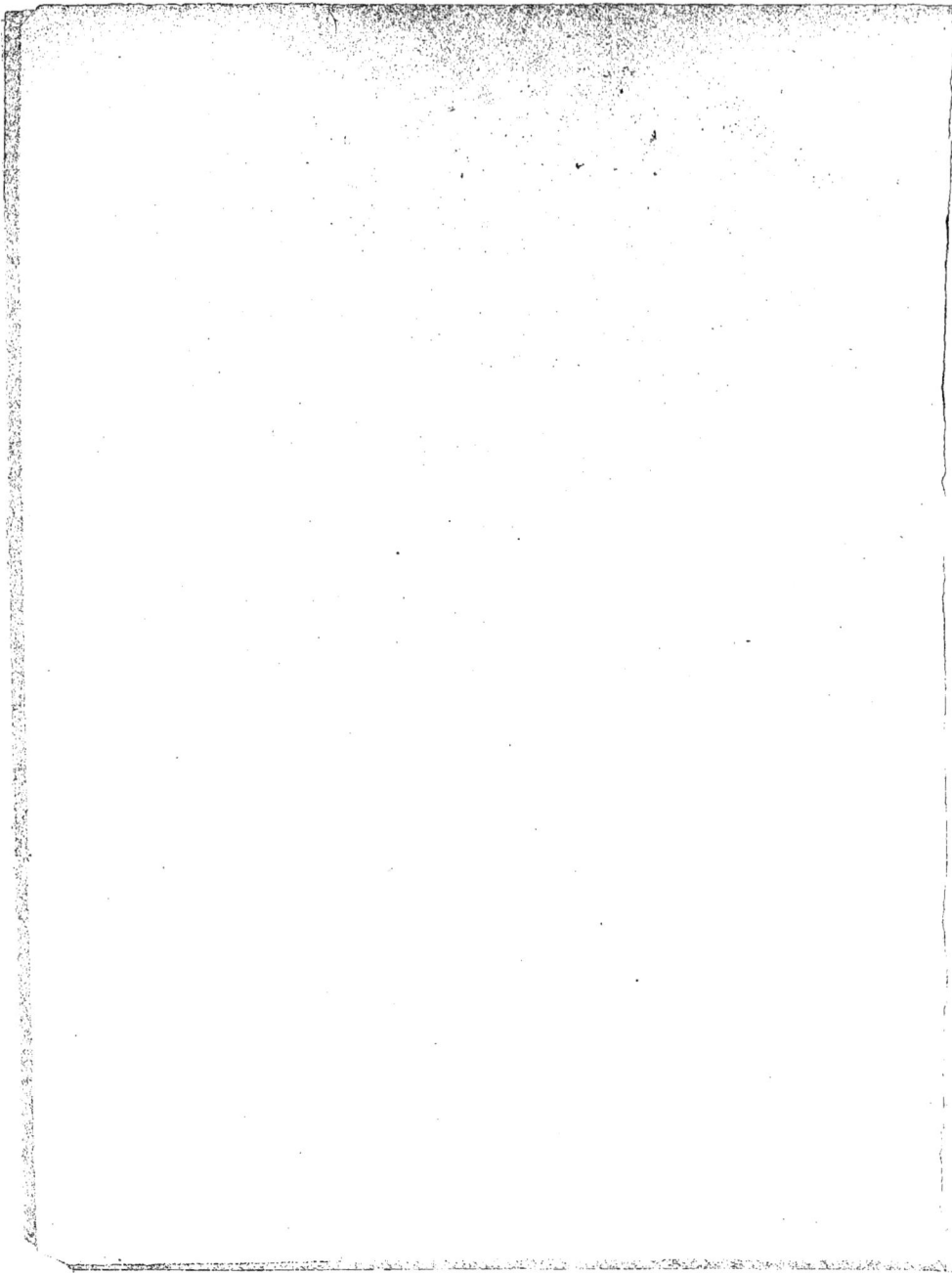

CONCOURS POUR L'ATTRIBUTION D'UN PRIX AU MEILLEUR TRAITÉ
SUR
L'EXPLOITATION DE L'HALFA
(Arrêté du Gouverneur-Général de l'Algérie. — 22 janvier 1885).

L'HALFA

ÉTUDE INDUSTRIELLE ET BOTANIQUE

PAR

Mario VIVAREZ

INGÉNIEUR CIVIL AUX ÉTUDES DES CHEMINS DE FER D'ALGER A LAGHROUAT.

ارقد بالسلامة يا جبل صحارى فى الصيف « Œrgoud besselemâ ya Djebel Çahary

فى الشتا قطيفتى و فيفتى « Fi sif seguifti ou fi chta guetifti.

Que nos vœux de salut soient toujours
avec toi o Djehel Çahary, toi qui durant
l'été donne la fraîcheur par tes sequyas et
dans l'hyver, l'abri avec tes chaumes de
qtêf.

MONTPELLIER

IMPRIMERIE DE JEAN MARTEL AINÉ,

rue Blanqueris, 3, près de la Préfecture

1886

COMPENDIUM.

CHAPITRE I. Végétation.

CHAPITRE II. Exploitation.

CHAPITRE III. Manipulation et emploi dans l'industrie.

CHAPITRE IV. Améliorations à apporter dans l'exploitation pour arrêter le dépérissement.

CHAPITRE V. Réglementation administrative.

L'HALFA

ÉTUDE INDUSTRIELLE ET BOTANIQUE.

CHAPITRE PREMIER.

VÉGÉTATION.

§ 1. — CARACTÈRES BOTANIQUES ET INDICATION SOMMAIRE DES DIVERSES ESPÈCES
QUI SE RENCONTRENT EN ALGÉRIE.

Les commerçants algériens donnent le nom générique d'*Alfa* à un certain nombre de graminées que le commerce anglais confond également sous la dénomination d'*Esparto*.

Les Arabes commettent généralement cette confusion ; toutefois, ils appellent plus communément *Halfá*, la graminée connue sous le nom de *Stipa tenacissima* (Stipe tenace) dans le système de Linnæus, et qui est la même que le *Macrochloa tenocinium* (dénomination de Kunth), le *Lasiagrostis tenacissima* de Trinius et Reuter, le *Gramen spicatum* (Tournefort), le *Spartum herba* (Pline) ou *Spartum alterum* de Pline, selon Dodoëns et Gérard.

Le *Sparte* proprement dit ou *Spart*, du grec σπειρω, lier, qui est le *Lygeum spartum* (Linnæus), absolument distinct du *Stipe*, est appelé par les indigènes *Senoc, Senaugh, Sœnnag* et *Sengha*.

Cette graminée, bien que vendue sous le nom d'*Halfa*, constitue néanmoins une classe à part dans le triage et dans l'évaluation des lots.

Il en est de même du *Diss (Arundo tenacissima)*, et du *Pao*, qui vers la région tripolitaine prend aussi le nom d'*Halfa*.

Du reste, l'étymologie de la dénomination arabe explique facilement l'assemblement sous un nom générique vulgaire de plantes de genres absolument différents.

Rétablissons tout d'abord l'orthographe rationnelle.

Ce n'est pas *Alfa* qu'il faut écrire selon l'usage erroné, mais bien *Halfâ*, du mot arabe, littéralement transcrit حلفة.

Ce terme vient de la racine trilitère *Hlf* (حلف) qui a plusieurs acceptations : 1° jurer, 2° adjurer, 3° lier quelqu'un par serment ; 4° ceindre, environner, entourer, envelopper, embrasser, d'où *hlfa* (حلف) serment, alliance, foi ; *Halfâ* : anneau, boucle sans ardillon, virole, chainon, cercle, et *Halfâ*, par figure et extension, en raisons de qualités incorruptibles et de l'utilisation de la graminée qui nous occupe, plantes avec lesquelles on peut lier.

Il est dès lors naturel que des peuplades ignorantes des précisions de la science, des caractères botaniques, ne jugeant qu'à l'apparence rapide, aient vulgairement donné un nom commun à certaines plantes superficiellement ressemblantes, d'aspect général jonciforme et d'une utilisation similaire. Et voilà comment la Stipe tenace *(Stipa tenacissima)*, le Lygée spart ou sparte *(Lygeum spartum)*, le roseau (*Arondo epigeios* (Kazimirsky), le *Poa* (Kazimirsky), l'*Arondo festucoides* ou *Festuca patula* (fétuque, environs de Bône), sont en divers lieux dénommés *Halfa*, de même qu'en Languedoc les indigènes appellent : *Espèça de rouzé* (sorte de roseau), les diverses variétés d'arundinacées.

Les terrains plans couverts d'Halfa sont dits *Halafa* (حلل في), tandis que les vallées ou dépressions qui en recèlent prennent le nom de *Houlafia* (حلّل في).

On dit *Halfaya* pour une touffe d'halfa.

Souvent, en chevauchant dans les interminables ondulations d'halfa, on rencontre des brindilles qui sont nouées, et cela sur un certain nombre de touffes voisines. Ce sont des sortes de simulacres votifs en l'honneur d'un saint personnage, d'un marabout qui a stationné ou qui est mort dans le voisinage. Le voyageur rend en passant ce traditionnel hommage, de même qu'il jette sur le tas déjà formé de pierres amoncelées, une roche nouvelle, en commémoration d'un personnage vénéré.

D'autres fois, ces nœuds d'halfa ont une origine moins pacifique : c'est un *djych*, un parti de cavaliers allant en éclaireurs, qui indique de la sorte au gros de leurs compagnons la trace qu'ils ont suivie, ou qui donnent l'explication attendue, un renseignement déterminé, l'alarme ou tout autre signal.

En raison même du but de cette monographie, nous romprons immédiatement avec la routine, réservant la dénomination d'*halfa* à la graminée que les arabes appellent spécialement ainsi : le *Stipa tenacissima* (syn. *Macrochloa tenacinium*, de Kunth, du grec μαχρος long, χλοα herbe), et rendant avec M. Cosson, au sparte *(Lygeum spartum)*, son véritable nom indigène d'*El Sengha*.

Nous décrirons successivement ces deux plantes, ainsi que les autres graminées textiles que l'usage confond avec l'halfa, tout en les séparant au triage.

Dans la classification du règne végétal, les plantes qui nous intéressent sont placées comme il suit :

CLASSE II :

COTYLÉDONES ou **PHANÉROGAMES**: plantes pourvues de fleurs dont les parties fondamentales sont les étamines avec leur pollen et le pistil contenant les ovules.

DIVISION I :

MONOCOTYLÉDONES: végétaux sans pivot; racines adventives; tiges formées de faisceaux fibro-vasculaires épars au milieu d'une masse cellulaire, sans rayons médullaires.

SÉRIE :

PÉRISPERMÉES ou **ALBUMINÉES**; embryon accompagné d'un périsperme ou albumen.

CLASSE VI° :

GLUMACÉES: périanthe nul, organes reproducteurs protégés par des glumes ou des glumelles.

ORDRE :

GRAMINÉES: tige aérienne, à nœuds, embryon complexe, appliqué par une grande expansion dorsale.

FAMILLE :

CERYANTHÉES (vesque): stigmates plumeux sortant latéralement des glumelles près de la base de la fleur.

SOUS-FAMILLE : **Sacchariféres**, épillets présentant un avortement basipète ; fleurs complètes au sommet, hermaphrodites ou unisexués, contenant une fleur complète et au-dessus, 1-2 fleurs avortées; remarquables par le sucre contenu dans leur tige.

BRANCHE : **Hermaphrodites**; fleurs hermaphrodites: tous les épillets de même espèce, chacun avec une fleur hermaphrodite.

TRIBU I : **Phalaridées**; glumes de même longueur, dures, comprimées, carénées, enfermant complètement l'épillet aplati.

SOUS-TRIBU II : **Lygées.**

GENRE III : **Lygeum spartum.**

SOUS-FAMILLE : **Céréales**, épillets présentant un avortement basifuge.

TRIBU III : **Poacées.**

GROUPE : **Poa**   SECTION : **Agrostidées**

8 genres.   SOUS-TRIBU IX : **Stipacées** ou Stipées, épillets uniflores, en panicule peu garnie; glumes plus longues et plus minces que la glumelle inférieure cartilagineuse; glumes et glumelles à peine voûtées, de sorte que leurs bords forment les arêtes de l'épillet.

GENRE XXXVII : **Stipa.**

ESPÈCE : Halfa:St. tenacissima. St. pennata. St. barbata. St. poncea. St. capillata. St. aristella. S. tortilis. St. parviflora. St. membranacea. St. panicoïdes. St. micrantha, — arguens, — expansa.

Le genre *Stipa* rangé ainsi que nous venons de le poser, par Jussieu, dans la famille des graminées, fait partie de la *Triandrie trigynie* de Linnœus. Il comprend plusieurs espèces, soixante environ, parmi lesquelles le *Stipa tenacissima* ou *Halfa* proprement dit.

Avant d'étudier les caractères spéciaux de l'espèce, nous donnerons préalablement les indices distinctifs du genre, et tout d'abord, sommairement, les grandes lignes de l'ordre des graminées.

Caractères généraux des Graminées.

Les Graminées constituent la 27ᵐᵉ famille du règne végétal. Ce sont des plantes herbacées, annuelles ou vivaces, rarement sous-frutescentes, à tige *(chaume)* généralement fistuleuse, munie de nœuds, d'où partent des feuilles alternes et engaînantes; gaîne fendue dans toute sa longueur, pouvant être considérée comme un pétiole dilaté, offrant à son point de jonction avec le limbe une ligule, sorte de petit collier membraneux ou formé de poils; fleurs disposées en épillets, qui eux-mêmes forment par leur réunion une panicule ou épi composé.

Dans le cas où les plantes sont vivaces, elles présentent un *rhizome* plus ou moins étendu, qui chaque année donne naissance à de nouvelles tiges. Ces chaumes présentent chez certaines tribus une cavité intérieure; cette cavité est toutefois toujours remplie, dans la jeunesse, d'un tissu cellulaire lâche mais continu; ce n'est que plus tard que son accroissement rapide en longueur et en largeur déchire le tissu central, dont les débris tapissent la cavité, qui vient de se fermer ainsi.

Les fleurs des graminées sont le plus souvent hermaphrodites, quelquefois unisexuées et, dans ce dernier cas, presque toujours monoïques.

Elles se réunissent en une inflorescence composée, dont le premier ordre constitue l'épillet. Ces épillets se disposent sur un axe commun, de manière à simuler un épi. L'épillet (*spicula, locusta*) est formé d'un nombre variable de fleurs. A sa base, chaque épillet est entouré de deux bractées qui constituent la glume. Chaque fleur est accompagnée de deux autres bractées, folioles, dont l'ensemble est appelé *glumelle* ou vulgairement *balle;* chacune d'elles portant aussi le nom de *glumelle* ou celui de *paillette;* sur un cercle plus intérieur se montrent de très petits organes foliacés rudimentaires, offrant la forme d'écailles, au nombre de deux, de trois chez la stipa : ce sont les glumellules, lodicules, paléoles ou squamules.

Les étamines sont placées sur un niveau supérieur ; on les dit hypogynes ; le plus souvent au nombre de trois, rarement moins ou plus, à filets capillaires et anthères bifides ; ovaire uniloculaire, monosperme, marqué d'un sillon longitudinal sur un des côtés, surmonté de deux styles que terminent deux stigmates plumeux.

Le pollen est presque globuleux, lisse, à un seul pore.

Le pistil est toujours unique. Le fruit ou cariopse, à péricarpe très mince, intimément soudé avec le tégument de la graine; embryon discoïde, appliqué sur la partie inférieure d'un endosperme farineux.

La famille des graminées est sans contredit la plus utile, soit à cause de ses graines farineuses qui servent à la nourriture de l'homme, soit parce que l'herbe peut nourrir les animaux domestiques. Linné, dans son langage allégorique, disait que les graminées sont les plébéiens du règne végétal, et que, comme ceux-ci, robustes et d'un extérieur simple, elles font la force et le soutien d'un empire. Dans presque toutes les régions du globe, leur usage a été substitué à celui des fruits des arbres pour faire la base de la nourriture. C'est à la culture des céréales, comme on les nomme vulgairement, que plusieurs philosophes attribuent la civilisation ; les hommes n'ont pu en effet se livrer à l'agriculture sans se réunir en société. Aussi est-ce dans la Babylonie, où le blé croissait spontanément, d'après Hérodote et Diodore de Sicile, qu'il faut sans doute placer le berceau de la civilisation.

Les graminées étaient tellement en honneur à Rome, que l'on en couronnait ceux qui avaient rendu d'importants services à la patrie, et même les généraux et les empereurs. Les soldats possédaient seuls le droit de cette innovation, et ils en formaient les insignes avec l'herbe coupée sur le lieu témoin de l'action glorieuse. Ces couronnes, que l'on nommait *obsidiennes*, constituaient la plus haute distinction.

La substance muqueuse que renferment les semences des graminées réside dans l'embryon et la substance amylacée dans le périsperme. C'est pour cette raison que le riz du commerce ne peut servir, comme notre froment, à faire du pain ; ce riz, dans l'état où nous le recevons, étant mondé et n'ayant plus de germe, ne contient qu'une matière farineuse et presque point de substance muqueuse fermentescible. Il en est de même de l'orge mondé, que l'on ne trouve en cet état, si adoucissant, si pectoral, que parce que les graines qui le constituent n'ont plus de germe et, par conséquent, plus de ferment.

Mais la fécule n'est pas le seul produit utile fourni par les graminées. Les tiges de plusieurs espèces renferment une grande quantité de sucre, et l'une d'elles est depuis longtemps célèbre sous ce rapport. Quelques-unes donnent des boissons fermentées.

Les graminées renferment aussi généralement de la silice, qui se dépose dans leur épiderme et qui même se ramasse assez souvent dans les nœuds de quelques-unes en concrétions pierreuses. Les tiges de plusieurs en renferment assez pour faire feu au briquet. Les proportions augmentent avec l'âge ; aussi faut-il cueillir jeunes les tiges qui doivent être employées à faire les ouvrages délicats. Cette quantité de silice contribue à rendre ces plantes incorruptibles et à les faire employer avec avantage pour recouvrir les maisons et garnir les lits. Les tiges et les racines de toutes les espèces sont plus ou moins douces et sucrées. Les fruits, dépouillés de leur enveloppe ou mondés, servent à faire des décoctions adoucissantes et alimentaires. Il n'y a pas de plantes vénéneuses, sauf, peut-être, une espèce d'ivraie.

Cette famille est très nombreuse. Elle renferme environ 3,000 espèces ; mais, par la multiplicité des individus surtout, elle surpasse toutes les autres. Beaucoup d'entre elles sont sociales et souvent une seule espèce couvre une immense étendue de pays. On trouve des graminées presque à toutes les latitudes et à toutes les hauteurs, sur tous les sols et même dans les eaux douces, mais jamais dans celles de mer.

La diffusion géographique de cette graminée n'a presque pas d'autres limites que celles du règne végétal.

Les graminées des régions tropicales sont plus grandes, leurs feuilles plus larges, plus lancéolées, plus molles, plus velues. Les espèces à fleurs diclines y sont plus communes. Enfin, les graminées y sont moins sociales. Les prairies naturelles, communes dans le Nord, plus rares dans le Midi, manquent complètement sous les tropiques. L'ordre d'expansion, du pôle à l'équateur, des lieux hauts aux plaines océaniennes, donne la gamme suivante :

1° Orge, avoine ;	5° Riz ;
2° Seigle ;	6° Dourro *(sorghum)* ;
3° Blé ;	7° Eleusine ;
4° Maïs ;	8° Teff *(poa Abyssinia)*, etc.

Région tropicale.

CARACTÈRES BOTANIQUES DU GENRE STIPA.

Étymologie. — Le mot *stipa* vient du latin *stipere* rembourrer, ou de *stipes*, qui appartient probablement à la même famille que le sanscrit *stambha*, qui veut dire : tronc, tige, pilier, colonne.

En lithuanien, *stambas* = tige de plante ; en bohémien, *steblo* = tige ; en grec, στεφω signifie établir, fixer.

Stipa, en latin. est traduit par le mot *paille*.

Caractères botaniques. — La tribu des *stipacées* fut formée par Linnœus pour des gramens vivaces qui croissent dans les contrées tempérées de toute la terre et plus rarement entre les tropiques.

Le genre Stipa a été particulièrement étudié par De Jussieu, Desfontaines et surtout par Kunth.

Les *stipes* ont un calice glumacé, à deux valves acuminées contenant une seule fleur ; les glumes presque égales sont membraneuses, aiguës ou aristées, canaliculées, plus longues que la fleur ; l'inférieure 3-nerviée, la supérieure 7-nerviée. La fleur présente deux paillettes coriaces, parcheminées, enroulées, dont l'inférieure porte au sommet une arête simple, tordue, articulée par sa base, longue d'au moins 0ᵐ,15. Trois glumellules charnues. Trois étamines dont les anthères sont fréquemment barbues au sommet ; un ovaire stipité, glabre, surmonté de deux styles courts que terminent deux stigmates plumeux. Le fruit *(caryopse)* étroitement enveloppé par les paillettes. Feuilles planes ou enroulées par leurs bords, étroites.

Bien que le genre Stipa ait subi des réductions, Kunth en décrit soixante espèces. Nous signalerons les principales qu'on trouve en Algérie.

Stipe empennée, *stipa pennata.*

Ses tiges sont droites, hautes de 45 à 66 centimètres ; elles naissent plusieurs ensemble, rapprochées en faisceau. Ses feuilles sont longues, étroites, tellement roulées sur les bords qu'elles paraissent cylindriques et semblables à des feuilles de joncs. Ses fleurs sont d'un vert clair, peu nombreuses, disposées en panicule terminale, droite, assez resserrée. La balle extérieure est terminée par une arête plumeuse ayant plus d'un pied de longueur, formant panache fin qui surmonte les fleurs. C'est une très gracieuse graminée, qui aime les lieux secs et montueux. On la trouve en Provence, en Kabylie, Afrique du nord, forêt de Fontainebleau.

Stipe barbue, *stipa barbata.*

Elle diffère de la stipe empennée en ce que ses arêtes sont velues dans toute leur longueur et par ses feuilles plus larges. Ses tiges sont droites, hautes, cylindriques, glabres, articulées, garnies de feuilles raides, très longues, glabres, d'un vert-glauque, un peu planes, striées à leur face extérieure, rudes, un peu denticulées à leurs bords, subulées et très aiguës à leur sommet, munies à l'orifice de leur gaîne d'une membrane aiguë, déchirée. Les fleurs sont disposées en une panicule lâche, terminale, allongée, les pédoncules capillaires un peu anguleux ; les pédicelles droits, inégaux ; les deux valves calicinales égales, allongées, lancéolées, subulées et longuement acuminées à leur sommet ; les valves de la corolle, obtuses, roulées sur elles-mêmes, au moins de la longueur du calice, moins sa pointe subulée ; un peu pubescentes à leur partie inférieure ; la valve extérieure surmontée d'une très longue arête droite, articulée, velue depuis sa base jusqu'à son sommet, torse à sa moitié inférieure et plus.

C'est l'halfa de Mascara, de Tlemcen.

STIPE BASSE, *stipa humilis.*

STIPE JONC ou JONCIFORME, *stipa juncea.*

Se distingue à la longueur de ses balles calicinales et à ses arêtes contournées en tous sens, glabres et un peu rudes. Ses tiges sont raides, un peu grêles, articulées, noueuses à la base, très glabres, hautes de $0^m,66$ à $0^m,90$, garnies de feuilles longues, étroites, un peu glauques, raides, roulées en dedans à leurs bords cylindriques, subulées, assez semblables à des tiges de jonc, assez souvent un peu pubescentes en dedans, glabres en dehors; la terminale élargie, allongée en forme de spathe; l'orifice de leur gaîne muni d'une membrane blanchâtre, ovale, un peu aiguë, déchirée ou divisée en deux.

Les fleurs forment une panicule allongée, médiocrement étalée, longue d'environ un pied; les pédoncules longs, capillaires, anguleux, rudes au toucher, peu garnis de fleurs; celles-ci pédicellées; leur calice, composé de deux valves lâches, membraneuses, longues, subulées, très aiguës, luisantes et blanchâtres à leurs bords; d'un vert bleuâtre sur leur dos. Les valves de la corolle presque une fois plus courtes que celles du calice, roulées sur elles-mêmes, cylindriques, tronquées, coriaces, un peu pubescentes, particulièrement vers leur base; l'extérieure terminée par une arête longue de trois à quatre pouces, droite, capillaire, un peu pubescente, qui se contourne lâchement en tous sens en vieillissant; les semences grêles et allongées.

Lieu d'élection : Afrique du Nord.

STIPE CHEVELUE, *stipa capillata.*

Cette espèce pourrait être assimilée à la précédente, mais elle a les arêtes plus glabres; elle en diffère encore par sa panicule plus rameuse, dont la base reste embrassée fort tard par la feuille supérieure qui est large, plane, fort longue. Ses feuilles plus larges sont aussi plus pubescentes en-dessus; ses valves calicinales sont rousseâtres, à l'époque de la maturité. — Collines sablonneuses; lieux tempérés, un peu frais.

STIPE A COURTE ARÈTE, *stipa aristella.*

Tiges droites, grêles, hautes de $0^m,33$ à $0^m,66$, glabres, cylindriques; elles viennent plusieurs ensemble; ses feuilles sont étroites; les radicales courbées en gouttière, de telle manière qu'elles paraissent cylindriques; celles de la tige un peu planes, toutes d'un vert cendré, fermes, glabres à leurs deux faces, munies à leurs bords de cils très courts qui ne sont guère visibles qu'à la loupe ; fleurs peu nombreuses, vert-clair, disposées en panicule terminale, droite, assez resserrée, médiocrement rameuse ; les pédicelles portent généralement trois fleurs ; l'arête de la balle extérieure est très glabre et seulement une fois aussi longue que le calice.

Aime les lieux secs, pierreux, stériles ; Nice, Montpellier, Aïn Feka.

STIPE CAPILLAIRE, *stipa capillaris*.

STIPE TORTILLÉE, *stipa tortilis, spartum panicula spicata*.

Ses tiges sont droites, réunies en gazon, glabres, hautes d'environ $0^m,33$, garnies de feuilles glabres, roulées en dedans à leurs bords ; les radicales presque capillaires ; celles des tiges plus larges, plus courtes que le chaume, la terminale renflée en une sorte de spathe allongée, de laquelle sort une panicule jaunâtre, presque en épi, longue de $0^m,09$ à $0^m,15$; les ramifications rapprochées des tiges, les fleurs pédicellées.

Le calice est composé de deux valves blanchâtres, très étroites, fort minces, transparentes, glabres, luisantes, subulées, lâches, un peu inégales, longues d'environ $0^m,03$, fort aiguës ; la balle de la corolle fort caduque, cylindrique, à deux valves fortement roulées sur elles-mêmes ; l'extérieure velue, surmontée d'une arête velue et torse, en spirale à la partie inférieure ; glabre, filiforme à sa partie supérieure, géniculée à l'époque de la maturité. Les semences allongées, grêles, creusées à un de leurs côtés par un filon longitudinal.

Ses fleurs, qui sont très nombreuses, s'attachent aux effets, les percent et piquent. — Algérie.

STIPE A PETITES FLEURS, *stipa parviflora*.

Ses racines sont composées de longues fibres flexueuses ; elles produisent plusieurs tiges ramassées en gazon, droites, grêles, hautes de $0^m,33$ à $0^m,66$, glabres, cylindriques ; les feuilles sont glabres ; les radicales courtes, raides, filiformes, roulées à leurs bords, aiguës ; les caulinaires un peu longues, canaliculées à leur partie inférieure.

Les fleurs sont petites, disposées en une panicule allongée, diffuse, un peu courbée en arc ; les pédoncules capillaires, inégaux, longs, situés presque par verticilles à chaque nœud, ramifiés en pédicelles très fins, allongés, inégaux. Le calice est composé de deux valves membraneuses, inégales, étroites, canaliculées, aiguës, à une seule fleur ; les valves de la corolle plus courtes, glabres, fort petites, cylindriques, coriaces, roulées l'une dans l'autre, l'extérieure surmontée d'une arête capillaire, point pubescente, longue de $0^m,09$ à $0^m,12$, un peu contournée à sa base ; les semences grêles, allongées, parfaitement glabres. — Mascara ; Tunisie.

STIPE DE SIBÉRIE, *stipa Sibirica.*

STIPE DE CANADA, *stipa canadensis.*

STIPE AVÉNACÉE, *stipa avenaca.*

STIPE MEMBRANEUSE, *stipa membranacea.*

Ce gramen, qui a le port d'une avoine, s'élève à peu près à la hauteur de $0^m,33$. Ses tiges sont très lisses, fort menues, à peine de la grosseur d'un fil. Elles supportent une panicule simple, faible, lâche, presqu'en grappe ; les pédoncules propres, à peine divisés, presque membraneux, un peu élargis en deux angles opposés, uniflores. La balle calicinale composée de deux valves inégales ; l'une, aussi longue que la corolle, l'autre beaucoup plus courte ; toutes deux, longuement acuminées ; la valve extérieure de la corolle terminée par une arête glabre, flexueuse, un peu plus longue que la semence. — Dj. Chechar, Bir el Aater.

STIPE DE VIRGINIE ; *stipa virginica.*

STIPE DU CAP, *stipa capensis.*

STIPE EN ÉPI, *stipa spicata* rare ; on en trouve quelques sujets dans les dépressions salsugineuses.

STIPE PANIC, *stipa panicoïdes*, appelée *halfa* en Tripolitaine et Cyrénaïque.

STIPE ÉTALÉE, *stipa expansa.*

STIPE ÉLANCÈR, *stipa stricta.*

STIPE FASCICULÉE, *stipa arguens*, vendue sur les marchés d'Angleterre, sous le nom d'*Esparto* des Indes et d'Ethiopie.

STIPE D'UKRAINE, *stipa ukranensis.*

STIPE JAUNATRE, *stipa flavescens.*

STIPE ÉLÉGANT, *stipa elegantissima.*

STIPE A FEUILLES PLANES, *stipa micrantha*, haute d'environ $0^m,48$ dont les tiges sont grêles, droites, munies de trois ou quatre nœuds, d'un brun rougeâtre, garnies de feuilles planes, acuminées vers leur sommet, larges de $0^m,004$ et depuis $0^m,09$ jusqu'à $0^m,03$ de longueur ; leur gaîne glabre, striée.

Les fleurs forment une panicule resserrée en épi droit, grêle, long de $0^m,12$; les ramifications courtes, inégales, presque à demi verticilléos. Les valves calicinales sont transparentes, blanchâtres, inégales, très aiguës, la corolle glabre, presque aussi longue que le calice, fort petite; surmontée d'une arête fine, nue, trois fois plus longue que le calice, coudée dans son milieu.

STIPE BICOLORE, *stipa bicolor*.

STIPE A LONGUE PANICULE, *stipa eminens*.

STIPE TENACE, *stipa tenacissima*; la plus répandue sur les hautes steppes et à qui improprement certains auteurs ont spécialement donné le nom d'*halfa*, que dans la pratique elle partage du reste avec les autres espèces du genre *stipa* que nous avons analysées.

C'est le *Macrochloa tenacissima* ou *tenocinium* de Kunth, le *Gramen sparteum spicatum, foliis mucranotis longiosibus* (Bauhin), dont les feuilles coriaces sont utilisées depuis l'antiquité pour le même usage que le sparte et dans le commerce sous le même nom.

Selon que le *Lygeum spartum* abonde plus que la Stipe, comme en Espagne, l'article textile prend en entier le nom de *sparte*; si c'est l'inverse, ainsi que cela a lieu en Algérie, la masse herbacée est, sans distinction de tribu, désignée sous le nom générique d'*halfa*.

Du reste, par ses feuilles, la *Stipa tenacissima* ressemble au *Lygeum spartum*, tandis que par sa panicule elle tend vers une avoine. Aussi bien la différence est absolue au moment de la floraison; car tandis que le sparte proprement dit balance les petits capuchons jaune-blanc terminaison de sa spathe, l'halfa émerge sa panicule cylindrique, semblable à un épi jaunâtre. Quand toute la végétation s'affaisse au soleil, l'halfa dresse ses tiges longues de plus de 1 mètre. On voit ces touffes de feuilles aiguillées, plates d'abord, longues, étroites, puis dont les bords s'enroulent l'un sur l'autre, émerger comme des joncs de la plaine surchauffée, ainsi que font les jungles des marécages.

Les tiges de la stipe tenace sont raides, droites, glabres, noueuses, hautes de 1 mètre à 0m,65, ramassées en gazon, venant par touffes de plusieurs ensemble; ses feuilles glabres, fermes, coriaces, roulées cylindriquement sur leurs bords en forme de jonc sur elles-mêmes, aiguës, longues d'environ 0m,65, élargies à leur base ou à l'orifice de leur gaine. Les fleurs sont grandes, nombreuses, disposées en une panicule longue en moyenne de 0m,30, droite, un peu resserrée, jaunâtre; les pédoncules courts, capillaires, médiocrement rameux. Le calice est composé de deux

valves longues au moins de $0^m,03$, un peu inégales, concaves, lancéolées, très aiguës, scarieuses et blanchâtres à leur sommet et à leurs
bords ; les valves de la corolle plus courtes que le calice ; la valve intérieure glabre, membraneuse ; l'extérieure un peu plus longue, cylindrique, coriace, chargée de longs poils blancs, terminée par une arête géniculée, contournée et velue à sa partie inférieure, glabre et filiforme à sa
moitié supérieure, longue au moins de $0^m,05$; les semences grêles et
allongées.

Cette espèce aime les lieux incultes, arides, les sols calcaires, supporte
bien les hivers.

Bien que coriaces, les feuilles sont d'une grande flexibilité et si tenaces
qu'elles sont difficiles à rompre. Celles du *Lygeum spartum* se rompent
plus facilement; aussi, pour certaines utilisations, les stipes sont préférées
au *Lygeum spartum*.

CARACTÈRES BOTANIQUES DU LYGEUM SPARTUM (SPARTE).

Nous avons vu dans le tableau synoptique de Graminées, que le *Lygeum
spartum* dérive de la tribu des Phalaridées, à laquelle on donne seize
genres, le genre *Lygeum* n'ayant qu'une seule espèce : le *Lygeum spartum*,
sparte, *esparto*, *spart*.

Le mot *spart* vient du grec σπαρτος région où cette plante était déjà connue.
Clusius le nommait *Spartum*. Linnœus en a fait son genre *Lygæum*, qui est
le *Linospartum* d'Adanson. Toutefois, Lobel et Daléchamps disent que le
Linospartum est le *Spartum alterum* de Pline, c'est-à-dire la Stipe tenace.

Les Arabes l'appellent *Sennera*, *Sennaar*, *Sennaghr*, d'où vient le nom
de la montagne Asiatique et d'un royaume du Soudan égyptien. Le mot
sené (sena) a peut-être la même étymologie, en raison des tranchées que
cause l'absorption de sa décoction, douleurs qu'on assimile à celles qu'on
ressentirait si on liait les boyaux. Les Espagnols appellent *atocha* les
tiges arrachées.

Le spart aime les lieux incultes, stériles, les sols schisteux ; il est moins
rustique que la stipe et demande un peu d'humidité.

Vivace, haute de 3 décimètres, gazonnant, feuilles cylindriques,
subulées ; sa glume est univalve, grande, en forme de spathe aristée et
biflore ; glumelle bivalve ; sa graine est si intimément unie à la glumelle,
qu'elle paraît infère.

Les tiges et les feuilles ont la même apparence jonciforme, mais les premières, les chaumes, présentent vers le milieu de leur longueur l'épillet, à deux fleurs hermaphrodites, triandres, dont l'ovaire porte un style unique et un seul stigmate linéaire, glabre, convexe d'un côté, plan de l'autre, ayant à sa base une ouverture en entonnoir. Cet épillet est embrayé par la feuille courte et large qui forme la spathe.

Il fleurit en mai-juin. Ces tiges cylindriques, exemptes de nœuds, sont couvertes de poils droits et courts qui leur donnent un toucher rugueux. Elles croissent en buissons, ont une racine commune qui atteint de 1/2 à 3 mètres de circonférence.

Il est brouté par les chevaux et les chameaux.

En 1872, le docteur Turrel a proposé de mettre le sparte en culture dans le midi de la France : le Crau, les garrigues de l'Hérault, la Gascogne, les Landes, etc. Il se reproduirait, en effet, plus facilement que l'halfa, et comme il est naturellement peu coloré, ce textile ne demanderait pas pour son traitement industriel l'aide indispensable des acides. Aussi bien, les progrès de la chimie ont depuis lors considérablement atténué sinon annulé ce dernier avantage.

Lieu d'élection préféré : Pyrénées, Espagne, Italie, Sicile, Algérie.

INDICATIONS SUR QUELQUES PEUPLEMENTS D'HALFA.

Cercle de Djelfa : peuplements dans la zone du Megzem et du Sahari nord; plaines de Zenina, du Chabet Zamra jusqu'au Dj. Amour; peuplements du revers nord de Boukahil et à l'est de la route de Msad à Djelfa........................... 400.000 hect.
— de Boghar............................. 200.000
— Laghrouat............................. 40.000
— Médéah.............................. 60.000
Peuplements du pied du Dj. Amour,
  — de la chebka de Kossini,
  — des Zaghrèz
Peuplement du Wêd Bir al Aater (frontière tunisienne). 20.000
Peuplements montagneux de Sidi Abyd,
  —   de Nacœh,
  —   de El Amra, } Dj. Chechar.
  —   de Djelal,

Peuplements montagneux de Mizab,
    —   de Tanzoult,   } Dj. Hahmar Khradou.
    —   d'Oulach,

    —   d'Aqountas
    —   de Quelfeu   } Dj Aurès.
    —   de Aïn Roumya.

§ 2. — STATION GÉOGRAPHIQUE.

L'halfa, en comprenant sous cette dénomination les Euryanthées textiles (Phalaridées et Poacées) qui nous intéressent, court donc du 46me degré de latitude nord au 34me degré sud. Néanmoins, cette délimitation est très arbitraire, puisqu'au Canada on utilise une stipe pour la confection des cordages, et que dans la zone opposée, le Cap d'un côté et les montagnes du Hoggar, aux confins de l'Algérie, en présentent de vastes masses.

Sous le rapport botanique, il faudrait donc restreindre ou du moins limiter les stations, non par tribus ou genres, mais aussi par espèces.

C'est ainsi que dans l'étude des caractères botaniques nous avons noté que telle espèce aimait les lieux secs et arides; une autre les collines sablonneuses; d'autres les montagnes calcaires; certaines les dépressions salsugineuses, ou en renversant le point de vue, que telle ou telle circonstance climatérique ou chimique, telle conformation du terrain, telle composition de sol, en un mot que la nature du milieu avait modifié d'une manière permanente, en apparence du moins, le type originaire base de la définition de la tribu ou tout au moins du genre.

Il pousse naturellement en Algérie dès la région limitée au nord par Sebdou, Daya, Saïda, la margelle septentrionale des hautes steppes. — Batna, — Souk-Arrhas — le dj. Wenza — Galat el Snan (Tunisie). — Le Kesra-hamada — Kaïrouan. Il s'étend jusqu'aux Kçours, au Zab Cherguy et au-delà partiellement.

D'une façon générale, on peut dire que dans la région nord africaine, il s'étend du 40me degré latitude nord au 32mo degré et a une altitude variant depuis le niveau de la mer jusqu'à 1200 mètres approximativement; habitant actuellement particulièrement les hautes steppes, les parois nord et sud de ces dépressions élevées, ainsi que les bourrelets argilo-calcaires du versant Saharien. Il constitue dans ces régions des zônes d'un seul tenant de plusieurs millions d'hectares, comme dans la province d'Oran. Ce sont ces étendues qui prennent le nom de *mer d'halfa*. En Espagne, cette graminée peuple aussi des grandes zônes où s'élèvent les mérinos.

Le tableau suivant donne la répartition synoptique du *Lygeum spartum* et de la *Stipa tenacissima* et autres halfas dans la région Algérienne :

PROVINCE DE CONSTANTINE.								PROVINCE D'ALGER.								PROVINCE D'ORAN.							
Régions								Régions								Régions							
Méditer.		Montag.		Steppes		Sahari.		Méditer.		Montag.		Steppes		Sahar.		Méditer		Montag.		Steppes		Sahar.	
Lyg.	St.	Lyg.	St.	Lyg.	St.	Lyg.	St.	Lyg.	St.	Lyg.	St.	Lyg.	St.	Lyg.	St.	Ly.	St.	Ly.	St.	Ly.	St.	Ly.	St.
«	«	RR.	R.	C.	AR.	C.	AC.	«	R.	N.	AR.	C.	CC.	AC.	AC. Id. et Mzab	AC.	C.	RR.	AR.	C.	CC.	AC.	C.

A l'origine, l'halfa a dû paraître sur les sommets élevés et rocheux des terrains tertiaires émergés ; il se répandit ensuite sur les tufs quaternaires. Il couvre en Algérie le crétacé supérieur, les terrains calcaires et les environs des alluvions quaternaires. Actuellement, dans l'Afrique française du nord, il s'étend du Maroc à la mer des Syrtes dans le sens des longitudes, et de la crête moyenne de l'Atlas, c'est-à-dire de la ceinture septentrionale des chtouth, aux montagnes des Kçours, soit approximativement sur une longueur de 800 kilomètres et une largeur de 200. Il forme, plus particulièrement dans la province d'Alger, ce que nous avons appelé la *mer d'halfa*, laquelle est séparée généralement du *tell* par des terres de labour des tribus demi-sahariennes, cette zone de démarcation allant, du reste, en s'élargissant dans le sens du méridien, de l'ouest à l'est, sans dépasser, semble-t-il, 50 kilom. d'épaisseur.

§ 3. — TERRAIN PRÉFÉRÉ.

Il est, nous semble-t-il, un peu osé de résoudre sans restriction la question relative au terrain préféré de la graminée qui nous occupe, car nous avons vu réussir les euryanthées aussi bien et mieux dans les excellentes terres arrosées que dans les lieux arides qu'on lui décerne comme lieux habituels d'élection.

Ainsi, les remarquables terres argileuses qui s'étendent entre Tebessa, Negrin et Qafsa, terres riches en débris organiques fossiles, présentent d'immenses peuplements d'une stipe très vigoureuse. — Les montagnes argilo-gypseuses ou argilo-schisteuses du Dj. Chechar recellent un halfa très fin et très vigoureux.

La plaine de Chellala, différente sous le rapport géologique, en donne de belle venue, tandis que les régions montagneuses d'Aumale, la plaine d'Aïn ben Naar, la région de W. Feka et d'Aïn Kerma à Bordj bou Arrérydj, beaucoup moins fertile, en présentent aussi en quantité, mais incontestablement de qualité inférieure.

Si actuellement, l'halfa couvre uniquement les lieux arides, secs, rocailleux, c'est tout simplement parce qu'on n'a pu rien y substituer et qu'on l'y a laissé pousser en paix. Ce n'est donc pas son terrain préféré, que la grande steppe qui du Maroc court à la Tunisie, mais son terrain forcé, où du reste il végète encore d'une façon convenable.

On peut dire toutefois, et d'une façon générale, que l'halfa peuple en plus grande abondance les terrains siliceux, ferrugineux et tuffeux ; les zones pierreuses et rocheuses.

Le sparte toutefois préfère les terrains sablonneux, les bas-fonds un peu frais, les terres argileuses. Mais, en Espagne, on voit la stipe tenace particulièrement dans les terrains calcaires et gypseux, comme dans l'Hahamar Kradou, l'Aurès, le Chechar, l'Atlas tunisien. Nous ajouterons que lorsque la stipe vit dans des terrains riches et humides, *jamais, à la saison estivale, on ne voit la végétation s'arrêter et les feuilles se racornir en forme de jonc.*

Les longues ondulations qui bordent les crêtes ou les plateaux qui portent le nom collectif de Djebel Sahari, sont d'immenses surfaces couvertes d'une plantureuse végétation d'halfa. Cette graminée est là dans son vrai pays. Ces régions étaient occupées, et le sont encore sur

3

quelques points, par des tribus groupées sous le nom de *Sahari*, s'étendant de Djebel Amour à l'Aurès.

Le flot puissant d'immigration des Oulêd Nayl, qui comptent plus de vingt-cinq tribus, est venu s'implanter dans le pays, postérieurement à l'occupation des Sahari. De longues guerres suivirent ce mouvement. Elles ont laissé des traditions et des souvenirs d'antagonisme encore vivaces. Les tribus des Sahari furent disloquées et abandonnèrent sur un grand nombre de points leurs anciens parcours. Il resta, surtout dans la montagne, les fractions maraboutiques respectées même des envahisseurs. On raconte que lorsqu'il fallut abandonner ces parcours, les femmes des Sahari émigrants quittèrent le Djebel Sahari, en lui disant adieu par ces vers :

Engoud besselêma ya Djebel Sahari. ارقد بالسلامة يا جبل صحارى فى الصيف
(Reste sur le salut, ô Djebel Sahari.)
Fi sif seguifti ou fi chta guetifti. قيفتى و فى الشتا قطيفتى
(En été [me donnant] la fraîcheur, et en hiver la couverture.)

En effet, si en été, l'altitude du Djebel Sahari, ses genévriers et ses bétoums donnent un peu d'ombre et de fraîcheur, en hiver, l'halfa constitue une puissante protection pour les tentes, soit que ses touffes montées brisent le vent, soit qu'on les emploie à tapisser la tente ou qu'elles servent à protéger les moutons. Le bétail se couche entre les touffes et trouve ainsi un abri contre le vent et la rigueur du froid hivernal.

§ 4. — DIFFÉRENCE DE VÉGÉTATION DUE A L'ALTITUDE ET A LA NATURE DU SOL.

Les terrains siliceux donnent de la résistance, de la dureté, du poids ; mais par contre rendent les fibres dures et cassantes, quand il y a excès.

Les terrains sablonneux donnent de la finesse, de la pâleur, de la longueur, de la résistance.

Les terrains ferrugineux donnent de la couleur.

Les terrains montagneux donnent de la finesse, le lygée semble y croître de préférence.

Les terrains de plaine, hautes steppes, donnent de la grosseur, de la longueur ; la qualité moyenne.

Les terrains à dépressions salsugineuses donnent de la longueur, de la grosseur, de la rugosité ; moins tenace.

Dans la province de Constantine, M. Jus, directeur de la Société agricole de Batna, a établi trois catégories d'halfa, basées sur les qualités corrélatives de leur provenance :

1° Halfa fin du Tell et de l'Aurès, appelé par les indigènes *Senaugh ;* c'est le sparte :

diamètre de la feuille : $0^m,0005$
hauteur : $0^m,4$ à $0^m,5$
poids moyen : $0^g,52$ (vert).

Nota : très apprécié des vanniers ; renferme peu de résinoïde ; blanchiment parfait.

2° Halfa moyen des hautes steppes :

diamètre de la feuille : $0^m,001$
hauteur : $0^m,7$
poids moyen : $1^g,2$

Bon pour cordages, tapis, pâte à papier ; blanchiment imparfait.

3° Halfa des terres sablonneuses :

diamètre de la feuille : $0^m,002$
hauteur : $1^m,2$
poids moyens : $2^g,40$

Cordages. tapis, nattes, pâte à papier ; blanchiment imparfait.

Au point de vue marchand, on divise également l'Halfa en :

1° Halfa de sparterie,
2° Halfa de papeterie,
3° Halfa blanc (qu'on vend de 40 à 50 fr. le quintal).

Cet halfa blanc est obtenu en choisissant les plus beaux brins, que l'on soumet, à diverses reprises, à l'action de la rosée ou d'un mouillage artificiel et d'une dessiccation répétée.

Le *Lygeum* (sparte), peu long et souvent incolore, est recherché pour sa finesse et sa tenacité ; mais le sparte doré (halfa de montagne), plus long, atteint des prix plus élevés pour la sparterie. Les Espagnols l'appellent *Garbillo* , parce qu'il sert à faire des cribles, des tissus de tamis.

Indépendamment de l'époque de la récolte, la nature du sol et les circonstances météorologiques influent sur la qualité des fibres de l'halfa.

Sur certains points on a des halfas à fibres longues, soyeuses, fines quoique tenaces ; ailleurs on les a grosses, rudes, cassantes ; là elles seront ainsi avec tel sol ; autre part, identiques avec un sol différent, mais des conditions climatériques particulières ; il n'est donc pas possible de déterminer d'une façon absolue, si ce n'est d'une manière générale, la nature des influences matérielles du milieu ambiant.

On peut admettre qu'un degré en latitude équivaut à trois degrés d'écart en température moyenne, et que 100 mètres en différence d'altitude représentent une différence de 1°,5. Toutefois, l'orientation des vallées, la nature des cultures voisines, du sol, des eaux, etc., constituent dans la végétation des différences qui, pour l'halfa et ses situations extrêmes, ne dépassent pas six semaines.

§ 5. — MODE DE DÉVELOPPEMENT DE LA PLANTE ET DE DISSÉMINATION DE LA GRAINE ; ÉPOQUES HABITUELLES DE CES PHASES DE VÉGÉTATION, SUIVANT LA LATITUDE ET L'ALTITUDE.

La touffe d'halfa comprend trois éléments distincts : la racine (el djdœr جدر), l'épi (el sanboula سنبولة), la feuille (el ourq ورق).

La pousse printanière qui suit l'incinération des peuplements à l'automne, offre l'aspect d'un gazon très-fin. Mais bientôt, vers le 15 avril, la sève force sa poussée, la plante fleurit, l'épi se forme tout en restant engaîné ; la feuille, courte, verte, tendre, pousse en petite tige d'apparence cylindrique, lisse, excessivement tenace et d'environ 0^m,0002 de diamètre. On dirait un jonc ; mais de plus près on s'aperçoit que cette tige n'est ni ronde, ni fermée ; une fine commissure l'entr'ouvre de sa base à son extrémité, et au travers de cette fente on distingue les deux moitiés de la feuille repliées sur elles-mêmes, les deux bords extérieurs étroitement appliqués l'un sur l'autre.

L'intérieur de cette feuille n'est pas lisse comme l'extérieur ; il est garni d'un bout à l'autre de nervures veloutées et saillantes.

Aussi bien la structure de cette stipe diffère de celle des autres monocotylédonées.

Les faisceaux fibro-vasculaires qui les parcourent dans toute leur longueur plongent non plus dans un tissu cellulaire lâche, mais au milieu d'une masse compacte de fibres très-délicates, composées de cellulose pure et entourées de parenchyme.

Vues au microscope, les fibres très courtes sont aussi très fines. Dans la plupart des cas, leur longueur est comprise entre 0^m,001 et 0^m,002 et leur diamètre entre 0^m,000008 et 0^m,000015.

Les fibres du spart sont un peu plus grandes, tant en longueur qu'en diamètre. Leur surface est lisse ; les extrémités, plus ou moins arrondies, et le centre est occupé par une cavité qui ne dépasse jamais en épaisseur la moitié de celle de la fibre et qui souvent est linéaire.

Les coupes sont ovales ou polygonales à angles mousses. Sous l'influence des réactifs, les différences entre le faisceau fibro-vasculaire et la masse compacte des fibres délicates dans laquelle ils plongent s'accusent encore plus. Sous l'influence de l'iode et de l'acide sulfurique, les fibres qui proviennent des faisceaux fibro vasculaires se colorent en jaune ainsi que leurs coupes qui sont polygonales, avec une vive lumière centrale arrondie et vide. Les parois des fibres délicates qui entourent les précédentes et ne sont pas lignifiées, prennent une teinte bleue, et les granulations de leur cavité centrale se colorent en jaune.

Le même phénomène se traduit sur leurs sections transversales qui sont ovales et dont la lumière est punctiforme.

Enfin, le tissu cellulaire ambiant qui forme autour d'elles une espèce de réseau, se colore en jaune

Le sulfate d'aniline ne colore en jaune que la première variété de ces fibres, et l'ammoniure de cuivre gonfle vésiculairement et dissout en partie celles qui sont composées de cellulose pure. Ce dernier réactif agit donc ici comme sur le coton ; mais la présence d'une cuticule dans le coton suffit pour éviter toute confusion.

Tandis que la feuille pousse, la racine enfouie dans le sol a donné naissance à des tiges-mères, à cinq ou six gaînes, s'élevant de $0^m,15$ à $0^m,20$ au-dessus du sol et recélant le produit de l'année écoulée et le nouveau, qui varie également entre cinq ou six feuilles, suivant le nombre de gaînes portées par la tige-mère.

La souche, inapparente, est chaussée par la terre ou les sables qui se sont accumulés à son pied pendant l'été. Les pluies d'hiver ont tassé ces sables, enterré une partie des tiges-mères et les graines de l'année écoulée.

Elle est encore recouverte par les détritus des récoltes précédentes négligées, les unes tombant en humus sur le pied même, les autres, d'une couleur grisâtre (qui n'est autre qu'un rouissage sur pied par les pluies d'hiver), d'une ténacité encore assez grande, sont renversées et mélangées avec les feuilles de la dernière récolte, qui portent toutes, vers la pointe, la trace de la décomposition qui doit s'accomplir pendant l'année nouvelle.

C'est donc au milieu de ces ruines que commencent à poindre les feuilles de la nouvelle saison, que nous venons d'étudier.

C'est aussi à ce moment que le ravage des animaux est le plus à redouter, sans que toutefois le préjudice porté aux touffes soit bien considérable.

Vers le 1er juin, les feuilles ont de $0^m,40$ à $0^m,50$ de hauteur. Elles sont devenues planes pour la plupart et fortement empreintes d'un parenchyme résinoïde, leur donnant de la rigidité.

Les épis (avril-mai) qui n'ont pas été ravagés par les bestiaux, s'épanouissent, semblables à ceux du chiendent, en élevant leurs fleurs au-dessus de l'extrémité des feuilles, et la graine se forme. Cette graine, fort difficile à recueillir à cause de sa petitesse, a l'apparence de celle de l'avoine sauvage, quoique beaucoup plus petite et plus légère. Il en faut en moyenne 350 pour faire un gramme.

Les vents du Sud, qui soufflent précisément au moment de sa maturité, la détachent de ses glumes, la transportent plus ou moins loin et la recouvrent de sable ou de poussière. Il faut donc la surveiller attentivement lorsqu'on veut en opérer la récolte.

Les indigènes prétendent que les vents seuls ont la propriété de déterminer l'emplacement qui convient à la germination de cette graine, et que leur travail ne pourrait être accompli par la main du jardinier le plus habile.

M. Jus affirme n'avoir jamais réussi la venue de graine.

Au 1er juin, une touffe d'halfa se compose donc :

1° De rhizomes s'étendant à la surface du sol, auquel ils se fixent successivement au moyen de racines aériennes adventives ;

2° De feuilles anciennes et nouvelles, plates et cylindriques ; ces dernières en plus grand nombre ;

3° De fleurs épanouies avec ou sans graines.

La feuille, d'un limbe étroit, plus ou moins allongé, plane tant qu'elle est vivante, mais s'enroulant en forme de cylindre dès qu'elle arrive à sa maturité ou qu'elle est détachée de la plante, est formée de trois parties distinctes :

1° Une couche lisse et coriace enveloppant la feuille de toute part ;

2° Des faisceaux de fibres se prolongeant dans toute sa longueur ;

3° Un tissu de parenchyme ou résinoïde, plus ou moins lâche, formant remplissage et donnant à la feuille entière une raideur et une tenacité qu'elle ne peut perdre qu'après avoir été macérée dans l'eau ou traitée chimiquement.

Vers le 15 juin, la feuille a atteint un diamètre de $0^m,001$ à $0^m,0015$ et une hauteur de $0^m,6$ à $0^m.7$.

Sa résinoïde, en devenant plus compacte et en durcissant, lui a donné plus de rigidité dans son ensemble. Sa base engaînante, au lieu de former une ligule scarieuse comme celle du *Lygeum spartum*, s'est légèrement recourbée dans la tige-mère, sur une hauteur de $0^m,002$ à $0^m,005$ et est devenue coriace comme du bois.

La maturité est enfin arrivée et la feuille persiste dans cet état, sans s'altérer pendant toute l'année.

Après les pluies d'automne, et principalement au commencement de décembre, le travail de production étant complètement arrêté depuis le mois de juin, les feuilles qui ont séché pendant l'été s'inclinent et commencent à périr par la pointe.

Ce travail de décomposition va en augmentant jusqu'au printemps, afin de faire place à la jeune tige qui doit se produire.

Quelques feuilles résistent à ce travail de décomposition pendant deux années consécutives; aussi elles sont plus coriaces que les feuilles nouvelles.

C'est à ce moment que l'on incinère les vieilles touffes, qui ne donnent plus que des produits de qualité inférieure, afin de régénérer la vigueur des rhizomes pour l'année nouvelle. Nous n'avons pas suffisamment de preuves à l'appui pour blâmer cette coutume, qui a de prime-abord contre elle le *modus agendi* rationnel de la nature. Evidemment, de cette incinération résulte une végétation intensive; mais cette vigueur artificielle est produite aux dépens de la vitalité de la plante : c'est là qu'il faut voir la cause des épidémies végétales.

C'est aussi à ce moment que la propagation de cette graminée peut s'effectuer, puisque les semis paraissent ne donner jamais de résultats.

Cette plante, qui grandit sans culture ni soins, semble même conserver son indépendance pour sa reproduction.

Les cendres de l'halfa, riches en silice, constituent pour les peuplements incinérés un engrais fécondant.

Les fibres parallèles qui constituent les parois sont soudées entre elles par des matières agglutinatives, pectiques, résinoïdes.

Les vaisseaux des feuilles sont formés de vasculose et de corps cellulosiques (cellulose et ses isomères).

Les corps cellulosiques constituant les fibres, ne sont pas sensiblement altérés par les dissolutions alcalines; ils résistent pendant longtemps à l'action des oxydants énergiques, tels que l'eau de chlore, les hypochlorites, l'acide azotique.

La vasculose qui soude et réunit les fibres ne se dissout pas à la pression ordinaire, dans les dissolutions alcalines, mais elle entre en dissolution dans les mêmes liquides lorsqu'on fait agir la pression. Cette propriété importante est utilisée dans la fabrication des pâtes.

Enfin, la vasculose se dissout rapidement dans les corps oxydants, qui avant de la dissoudre la changent en un acide résineux, soluble dans les alcalis.

§ 6. — MODES DE REPEUPLEMENT ARTIFICIEL; LEUR PLUS OU MOINS DE PRATICABILITÉ.

C'est en décembre, au moment du plein repos de la sève, que l'on peut procéder au repeuplement artificiel.

A cet effet, on choisit une touffe saine, vigoureuse, et on la divise par drageons, en écartant les tiges-mères et en opérant comme s'il s'agissait de propager une touffe de violettes.

Le champ qui doit servir au peuplement, formé d'une terre légère, argileuse, de préférence un peu sableuse, étant préalablement retourné deux mois à l'avance, les drageons sont enfouis, sans trop les tasser, à une profondeur de $0^m,10$ à $0^m,15$ et espacés les uns des autres de $0^m,5$ à $0^m,6$. Un mois après la plantation, c'est-à-dire au commencement de janvier, on incinère toutes les feuilles dépassant le sol et on abandonne les drageons à eux-mêmes sans leur donner de nouveaux soins.

Diverses expériences ont démontré la favorabilité de décembre et la nécessité d'incinérer les feuilles des drageons, quelques jours après leur enfouissement dans le sol, pour donner de la vigueur aux rhizomes. Il est toutefois rationnel d'admettre que la taille donnerait des résultats équivalents, si ce n'est supérieurs, à l'incinération. Il est vrai que ce procédé est de beaucoup plus onéreux.

Les essais pour repeupler de graine n'ont jamais réussi. Cela n'offre rien d'étonnant, car un grand nombre de graminées vivaces ne donnent que rarement des graines et se reproduisent surtout par rhizomes. Nous avons dit, du reste, que ces graines étant d'une petitesse extrême sont d'une manipulation délicate et difficile.

Toutefois, on a constaté que dans les cas de semis naturels, les tiges mettaient de douze à quinze ans avant de produire des feuilles pour la cueillette ordinaire. Pendant les premières années, les feuilles sont tellement tendres, qu'elles peuvent servir de nourriture aux bestiaux. Peu à peu cependant elles durcissent, probablement par la formation de cellulose et finissent par atteindre fréquemment la durée de soixante ans.

D'après ce que nous venons d'exposer, l'expansion artificielle des peuplements halfatiers devra donc être effectuée au moyen de rhyzomes, les semis n'ayant rendu que des résultats inconstants.

CHAPITRE II.

EXPLOITATION.

§ 1. — DONNÉES HISTORIQUES.

L'utilisation de l'halfa remonte aux premiers temps de l'époque histo-
rique, aux temps où les fils de Noa, avant d'aller en Mizraïm, paissaient
leurs troupeaux parmi le pays du Sennaa, non loin du confluent du
Tigre et de l'Euphrate. Lorsque les fils d'Ab-Ram *(le père élevé, le grand
ancêtre)* gaguèrent l'Égypte et la Nubie, ces ancêtres d'Israël trouvèrent
sur leur route les âpres flancs du mont africain couverts de longs épis
verts, si communs en Arabie heureuse, dans les plaines du Nedjeb et
ils le nommèrent : *Djebel Sennaar,* en souvenir des plantureux pâturages
qu'ils avaient quittés dans le pays d'Our-Kasdym.

La Bible nous parle en plus d'un verset de cette graminée féconde, et
dès la genèse des temps :

« ...... Après cela, Jhavé tenta Ab-Ram et lui dit : Ab-Ram,
Ab-Ram ! Ab-Ram répondit : le serviteur d'Elohim écoute, à la fontaine,
d'Ayn Sebta. Jhavé ajouta : Prends Izehaq *(se moquera),* ton seul fils, qui
t'est si cher, et va en la terre de vision, et là, tu me l'offriras en holocauste, sur l'un des djebels que je te montrerai.

» Ab-Ram se leva donc avant le jour du pays de Djerar ; il prépara son
âne, prit avec lui deux jeunes oueld, et Izehaq son fils, et ayant coupé aux
grands chênes de Mamré le bois qui devait servir à l'holocauste, il s'en
alla où son Elohim lui avait commandé d'aller, vers le mont Moriâ
(citadelle), qui devait être la Ierouschalaym future. Le troisième jour,
levant les yeux en haut, il vit de loin le pays de Moriâ. Il dit à ses
serviteurs : Attendez-moi ici avec l'âne, nous ne ferons qu'aller jusque
là, mon fils et moi, et après avoir adoré nous reviendrons à vous. Ab-Ram
prit aussi le bois pour l'holocauste ; il le mit sur son fils Izehaq ; lui
portait le feu et le couteau. Ils marchaient ainsi eux deux ensemble,
lorsque Izehaq dit à son père : Oh ! mon père ?—Ab-Ram dit : Quoi, ô fils ?
— Voilà, dit Izehaq, le feu et le bois ; où est la victime pour l'holocauste ?
—Ab-Ram répondit : O fils, notre Elohim aura soin de fournir lui-même

la victime qui doit lui être offerte en holocauste. — Ils cheminèrent donc ensemble et arrivèrent au lieu qu'avait montré Jahvé à Ab-Ram. Il y dressa un tertre élevé et disposa par-dessus le bois. *Des touffes vertes de la montagne* (des brindilles de sœnnag), *il lia* son fils Izehaq et le mit sur le bois. En même temps il étendit son bras, armé du couteau, pour immoler son fils. Mais dans l'instant l'ange d'Elohim cria de la nue : Ab-Ram, Ab-Ram. Il répondit : Je suis là. Et le Keroubym ajouta : Ne mets point la main sur l'enfant et ne lui fais aucun mal. Je sais maintenant que tu crains ton Elohim, puisque pour obéir tu n'épargnais pas ton fils unique.

» Ab-Ram leva les yeux et vit derrière lui un bélier qui s'était embarrassé avec ses cornes parmi les lotus épineux. Il le prit et l'offrit en holocauste à la place de son fils, et appela ce lieu d'un nom qui signifie *le Seigneur voit*. C'est pourquoi on dit encore aujourd'hui : le Seigneur verra sur la montagne.»

On retrouve sans peine, dans le lien d'Izehaq, l'halfa d'Arabie ; mais la flore de la Bible nous parle encore de cette graminée dans divers autres passages.

Job, xxx, 4 : « Les gens tout secs de faim et de pauvreté mangeaient les racines amères des *touffes* du désert. »

Psaume cxx, 4 : « Votre langue trompeuse est comme les tiges pointues et piquantes. »

IR. xix, 4-5 : « Les rivières tariront, les ruisseaux de Myzraïm sècheront, les roseaux et les tiges se faneront ; le lit des ruisseaux sera sec à la source même et toutes les graines de la vallée se sècheront et mourront. »

Les Sémites connaissaient l'halfa de toute antiquité.

Les Phéniciens envoyaient leurs vaisseaux en Espagne chercher cette plante pour faire des cordes et des paniers.

Le courant immigrant qui d'Egypte suivit la Méditerranée par ses deux rives, apporta l'industrie de la sparterie à Carthage et en Grèce.

A Rome, au temps de Pline, on se servait du *Gramen spicatum* cru, c'est-à-dire sans être préparé, mais simplement séché, pour confectionner des nattes, des tapis, des corbeilles et des cordages. Lorsqu'il était roui dans l'eau comme le lin, séché et battu, on en faisait des chaussures nommées *alpergates*. On l'employait encore à faire des cordes, comme aussi des ouvrages (*subtiliosa*) plus délicats.

A cette époque, le *Gramen spicatum* le plus estimé était celui qui croissait dans la province de Valence.

Vers 710, on produisait à Samarkand ce que les Romains nommaient : *Charta cuttunen*, papier de fibres de coton, et probablement mélangé d'autres textiles.

Ce sont les Carthaginois qui, lors de leurs premières incursions, durent apporter en Espagne l'idée de l'industrie spartière, à moins que ce ne soit le même flot nomade qui, après avoir stationné en Grèce et aux Bouches Lybiques (Bouches-du-Rhône), envahit l'Espagne pour continuer ultérieurement sa route vers le massif de l'Atlas marocain, algérien, d'une part, et au sud, vers le Sénégal et le bassin du Niger. Toujours est-il que dès le xe siècle, durant les dynasties arabes, ceux-ci avaient des moulins à papier utilisant les cotons. Dès le xiiie siècle, ils fabriquaient du papier avec la cellulose annuelle provenant du chanvre, du lin, d'autres graminées et naturellement du sparte.

Toutefois, cette industrie végétait en Espagne et longtemps l'halfa y fut arraché comme une mauvaise herbe.

En 1672, en Italie, deux moulins fabriquaient du papier de maïs et essayaient diverses graminées.

En 1765, le docteur Jacob Christian Schæffer, surintendant et botaniste à Ratisbonne (Regensburg), publiait un volume in-8° renfermant des échantillons de diverses plantes pouvant être transformées en papier sans mélange de chiffons. Parmi ces succédanées se trouvaient diverses stipes et d'autres graminées.

Ce fut seulement sous Louis XVI que la sparterie devint à Paris l'objet d'une exploitation industrielle. Une manufacture dirigée par M. Berthe, fut établie à Popincourt en 1775. Le gouvernement avait confié au fondateur de cet établissement des privilèges assez étendus et on lui remit les fonds destinés à subvenir aux premiers besoins de sa fabrique. On y faisait même des toiles appréciées, sans compter les toiles d'emballage. L'établissement de Popincourt disparut devant la révolution.

Bien avant que le commerce s'occupât des avantages du textile qui nous intéresse, l'Espagne en envoyait une certaine quantité dans le midi de la France.

Cependant, s'apercevant qu'à l'usage ce textile donnait d'excellentes semelles pour espadrilles, des villages entiers, comme Betera, Naguero,

Villavieja, Santa-Pola, Millares, se mirent à vivre de cette industrie qui rapportait six cuartos la paire.

Quand en 1862 les anglais arrivèrent pour acheter cette herbe, que le commerce débitait peu jusqu'alors, cette industrie s'accrut rapidement. On en fit des corbeilles, des filets, des cordes; ces dernières contribuèrent particulièrement à l'utilisation de cette plante. Les cordes fabriquées avec cette matière première pourrissent, en effet, difficilement au contact de l'eau ; aussi s'en sert-on, à l'exclusion de toutes autres, dans les norias, les puits, pour l'extraction des eaux et autres usages.

Il y a des communes, comme celle d'Arazeau, où l'on ne prépare que le sparte écrasé ; d'autres où on le peigne seulement et où l'on en fait un produit manufacturé.

Les centres de production, d'exploitation et d'embarquement sont : Alicante, Santa-Pola, Malaga, Carthagène, Motril, las Aguilas, qui en 1873 expédia 20,000 tonneaux de sparte, Alméria ; ces villes ne se bornent plus à exporter le produit brut ; elles lui font subir un rouissage complet, la teinture et la transformation industrielle. Entre Alicante et Alméria, l'industrie halfatière occupe 50,000 individus.

D'Espagne l'idée est passée en Algérie, où l'on compte dans les trois provinces plusieurs centres d'exploitation.

Mais ce sont particulièrement les Anglais et les Allemands qui monopolisent le commerce, aussi bien que l'exploitation en Tunisie et en Tripolitaine.

Tandis qu'en France on signale seulement les quelques maisons suivantes :

L'usine de sparterie de Mazargues, près Marseille ;

La papeterie Horace Boucher et Cie, à Marseille ;

La papeterie Breton, à Pont-de-Claye ;

les Anglais ont plus de dix centres d'importation importants, tels que : Newcasthe on Tyne, Cardiff, Liverpool, Glascow, Edimburg, Aberdeen, London, — ainsi que les usines ci-après désignées, qui traitent spécialement l'*esparto* :

M. Thomas Routledge, directeur des Ford Paper Works près Sunderland (Angleterre) ;

MM. Thomas Tait et Cie., à Invernay (Ecosse) ;

MM. Brown, Stewart et Cie., à Dalmarnock ;

MM. Edward Collinz et Cie., à Maryhill, près Glascow ;

MM. Vm. Tod and Son, à Polton, près Édimbourg ;

MM. Sommerville and Son, de Milton Bridge, près Édimbourg.

En 1854, il s'était formé à Courbevoie, près Paris, sous le nom d'*Alphasienne*, une société pour l'exploitation de l'halfa ; mais cette entreprise n'eut point de succès.

Actuellement, la Compagnie Franco-Algérienne exploite en grand les mers d'halfa de la province d'Oran.

A Batna, la société agricole et industrielle exploite quelques peuplements dans les environs de Aïn Touya.

A Souk-Abras est un autre centre.

Puis viennent un certain nombre de petits chantiers qui alimentent les ports d'Oran, d'Alger, de Bougie, de Philippeville, de Bône.

Les affermages d'halfatières sont concédés pour des périodes de 3, 6, 9 ans, moyennant une redevance annuelle de 10 centimes par hectare, et selon certains contrats passés entre le commandement militaire et les particuliers.

Ces affermages sont distribués comme il suit :

Noms des Fermiers.	Superficie.	Ouvriers.		Chameaux.	Quantités exportées dans les années						Localités.
		Europ.	Arab.		1881	1882	1883	1884	1885	1886	
					KIL.						
Jacon..........	200.000	0	120	»	»						Sahari, Fcka.
Romanette......	5.000	2	15	4.000	810.200						Bou Cedraya.
Hugonard......	3.600	1	6	1.200	316.000						Bou Cedraya.
Mauvezin......	2.000	2	20	1.000	200.000						Bou Cedraya.
De Monteleone..	6.000		40	1.800	260.000						Id. Mouyia.

PROVINCE DE CONSTANTINE.

| | 2.257 | | | | | | | | | | |
| | 1.584 | | | | | | | | | | |

PROVINCE D'ORAN.

	735
	2.356
	8.358
	8.520
	4.568
	5.188
	7.492
	936
	935
	1.596
	685
	8.330
	902
	2.100
	2.487
	619
	2.178
	5.820
	17.457
	22.592
	15.114
	14.687
	1.753
	2.489
	8.900
	7.049
	5.282
	8.303
	6.445
	11.175
	2.845
	5.431
	7.500
	3.387
	1.380
	9.196
	2.952
	5.070
	4.314
	3.062
	4.296
	1.404
	1.177
	3.803
	6.537
	3.965
	7.400
	514
	577
TOTAL...	263.753

§ 2 — PROCÉDÉS ACTUELS D'EXPLOITATION EN ALGÉRIE, ESPAGNE, TUNISIE, TRIPOLITAINE.

Supposons une touffe d'halfa incinérée ou venue de rhizomes. Au bout d'une période de trois années, cette plante atteint une maturité exploitable et donnera deux cueillettes par an, au printemps et à l'automne. Rationnellement, exploitée elle pourra être utilisée soixante ans environ.

Nous avons déjà appris que la végétation de la plante commençait du 1er au 15 mars et qu'elle s'achevait vers la fin du mois de juin, cette époque étant du reste avancée ou retardée suivant la quantité d'eau tombée au printemps. Dans le courant d'avril, de l'intérieur de la touffe, des tiges s'élèvent; au bout des tiges, l'épi très allongé qui fleurit en mai, portant annuellement la graine. Celle-ci mûrit en mai et juin, se détache et tombe sur le sol vers le milieu de juillet pour germer au printemps suivant.

A partir de ce moment, il faut encore un mois pour que la plante acquière le degré de maturité nécessaire pour le bon emploi de ses tiges : ce degré se reconnaît à une petite courbe légèrement velue, qui se forme à la base de la feuille l'*onglet*. En même temps, la tige qui était plate se ferme et devient ronde, pour se rouvrir de nouveau au moment de la reprise de la végétation au mois d'octobre.

C'est donc du mois fin juin à octobre que se font avec le plus d'avantage la coupe des feuilles, c'est-à-dire au moment où s'arrête la végétation. Avant ce moment, la tige est trop courte, il y a des feuilles insuffisamment formées, d'où déchet dans le produit de la récolte. En outre, la tige ne casse pas au collet et la racine sort de terre. Si la feuille est trop verte, les fibres plus ou moins transparentes donneront une sorte de papier translucide ; trop mûre, la silice et le fer qui y sont combinés plus intimément nécessitent un lavage et un blanchiment plus longs et plus coûteux.

Plus tard encore, les brins deviennent cassants et les pluies d'automne (milieu d'août, septembre) ayant détrempé la terre, il est difficile de ne pas arracher une partie des racines. La plante vient même parfois entière : or on sait que, de graine, elle met douze ans à repousser, quinze ans pour être exploitable. En outre, au temps du chaud soleil, le séchage est facilité.

D'autre part, le déboitage de la feuille se fait mieux par un temps sec. En temps humide, l'onglet ou *una*, c'est-à-dire la place par laquelle la feuille tient à la tige devient tellement tenace, que la feuille ne se détache que très difficilement de l'*atocha* et qu'on risque d'arracher complètement la plante. Il y a en tout cas un ébranlement nuisible. Il s'ensuit un dommage considérable pour celui qui fait la récolte et une dépréciation de la qualité, attendu que les tiges n'ont aucune valeur pour la fabrication du papier.

Les mois de demi-juin, juillet, août, septembre, octobre, demi-novembre, constituent donc les cinq mois de récolte.

Cette récolte, qui se fait par glanage, demande le plus grand soin.

Procédé Français: Jus. — Le glanage à main gantée, par tige individuelle, est adopté par les bonnes exploitations algériennes.

A cet effet, l'ouvrier muni de gants en cuir souple pour se préserver des gerçures ou des coupures occasionnées par les feuilles planes ou brisées, saisit les feuilles de choix à $0^m,2$ ou $0^m,3$ de leur extrémité ; par un effort de traction de bas en haut, et en imprimant une petite secousse sèche, il détache la feuille de son collet qui la relie à la tige-mère, la déboîtant ainsi de sa gaine.

Ce procédé offre des garanties sérieuses pour la plante.

Procédé algérien : au bâtonnet. — Ce procédé, inférieur au précédent, en raison principalement de l'abus qu'on peut en faire en saisissant plusieurs brindilles à la fois, est naturellement plus expéditif, quand on ne veut pas se borner à cueillir feuille par feuille.

Le glaneur, saisissant les pousses de la main droite, enroule l'extrémité des brins d'halfa autour d'un bâtonnet long de $0^m,25$, qu'il tient de la main gauche, et déboîte la feuille ou les feuilles d'un coup sec. La racine et le pied de la plante qui forment gaine résistent ; mais le haut, composé d'une tige ronde, reste après le bâtonnet. Il faut se borner à un nombre très restreint de feuilles à la fois.

Procédé espagnol. — On opère également au bâtonnet en bois de $0^m,50$ à $0^m,60$ de longueur et de $0^m,02$ à $0^m,03$ de diamètre. Le glaneur enroule l'extrémité d'une certaine quantité de feuilles libres autour de son levier et les arrache de la souche au moyen d'une violente traction. Ce procédé brutal entraîne beaucoup de déchets et détériore la plante.

Procédé indigène. — Les indigènes arrachent la touffe entière ou coupent les feuilles à la faucille, à $0^m,03$ ou $0^m,04$ de la base engaînante.

5

Un ouvrier habile peut, au bâtonnet, produire de 30 à 35 kilos de feuilles plus ou moins marchandes, tandis que le glanage à la main produit seulement de 18 à 20 kilos de feuilles choisies; de telle sorte, qu'après le triage, dont nous parlerons plus loin, le rendement réel et rémunérateur des deux procédés devient équivalent.

Dans les exploitations de Batna, un hectare, en bon peuplement ordinaire, rend 1500 kilos de feuilles vertes de qualité marchande; un peuplement moyen vaut 1000 kilos.

Au séchage, la plante perd de 10 à 18 %, soit en moyenne 15 %, ce qui ramène le produit *sec* de l'hectare à 850 kilos.

Le glanage, avons-nous dit, comprend cinq mois pleins, soit 153 jours, desquels il faut retrancher en dimanches, fêtes, repos, mauvais temps approximativement 33 jours, ce qui donne 120 journées de travail utile.

Comptons les journées de 5 h. du matin à 10 h. et de 2 h. du soir à 7 h., c'est-à-dire de dix heures: il vient 1200 heures de travail.

Au lieu de 30 kilos à l'heure d'halfa vert prenons une faible moyenne de 20 kilos de sec; chaque glaneur produira 1200×20 kilos $= 24.000$ kilos, c'est-à-dire suffira approximativement à l'exploitation de 24 hectares, à raison de 200 kilos d'halfa sec par jour.

Pratiquement, si on veut n'avoir que de l'halfa de choix, on ne devra pas dépasser 6 quintaux (sec) à l'hectare. Et, dans bien des cas, on n'en obtiendra que 3.

Un ouvrier indigène ne produit généralement que la moitié du travail européen.

Les procédés que nous venons d'indiquer laissent, comme on l'a compris, au glaneur, le choix des brins à cueillir. Les touffes portent en effet des feuilles de un, deux, trois ans, si on se borne à la cueillette de ces dernières.

Il serait peut-être préférable d'opérer autrement et de n'avoir à glaner que sur des touffes portant des feuilles triennales. A cet effet, on pourrait diviser son exploitation en trois zones.

On incinèrera la première zone à la fin de l'automne de l'an I; à l'été de l'an IV, toutes les feuilles de cette section seront de trois ans et susceptibles de vente.

Au printemps de l'an II, tandis que le bétail fumera la zone I, en y pâturant, on récoltera selon l'ancien mode d'élimination sur les sections

2 et 3, puis on incinérera la zone 2, qu'on fera pâturer au printemps suivant, et qui au printemps de l'an V ne présentera que des feuilles marchandes.

A l'hiver de l'an III, on incinérera la zone III, qui pâturée comme les autres, sera seule cueillie au sixième printemps.

Le roulement entre les sections étant ainsi établi, on aura, lors des cueillettes annuelles, moins de déchets à supporter, et surtout une récolte beaucoup plus rapide en raison de la nullité d'hésitation dans le choix des brins à arracher.

Il y aura également lieu d'étudier si, pratiquement, il n'y aurait pas avantage à trancher mécaniquement au moyen de coupeuses, les touffes au-dessus de la racine, quitte à éliminer les tiges au moment du triage. On prétend toutefois que l'halfa cueilli à la faucille repousse moins bien.

Ce qu'il y a de certain, c'est que les touffes glanées au procédé espagnol, pendant trois années consécutives, perdent leur vigueur et ne produisent plus que des feuilles chétives, et dépérissent par la pointe plus vite que les autres, tandis que les peuplements exploités durant six ans consécutifs d'après le glanage à la main, conservent au contraire toute leur vigueur.

L'incinération déterminant par les cendres en véritable engrais, augmenterait aussi, prétend-on, la vigueur des peuplements.

Nous avons dit déjà que ce procédé d'incinération nous paraissait irrationnel et de nature à compromettre l'existence des racines.

Indépendamment des procédés de cueillette qui diffèrent, les modes d'exploitation sont également divers.

L'entrepreneur d'une balfatière a rarement des ouvriers à la journée ; dans certaine province, celle d'Oran, il y a des tâcherons ; plus généralement on achète simplement à l'arabe sa charge d'halfa.

Là où ils savent qu'il y a du travail, arrivent par bandes, marocains, kabayles, algériens, chaouya, sans compter une population flottante d'espagnols, qui monopolisent cette spécialité.

Les indigènes vivent sous la tente ; les espagnols, appelés *halfatiers*, *sparteros*, se construisent des gourbis en branches recouvertes d'halfa aux environs du gîte d'eau où le concessionnaire a installé sa balance de pesée et sa cantine de fournitures, et le chantier est ainsi constitué.

Ces chantiers sont installés sur des terrains *melk* (particuliers) ou sur des terrains communaux, ou encore sur des terrains *sabega* (appartenant aux tribus). Dans d'autres cas, ce sont des terrains domaniaux.

Selon la nature des terrains, le concessionnaire de l'exploitation paye une location ou mieux une redevance au propriétaire, à la commune, ou aux Domaines. Pour les terrains communaux de la province d'Alger, cette redevance est de 10 centimes par hectare et par an.

Le salaire des ouvriers est ainsi réglé dans la province d'Alger.

Ouvriers à la journée : Contre-maître européen, par jour, 5 fr.

Ouvrier espagnol,   id.   3 fr.

Ouvrier indigène,   id.   2 fr.

A part les ouvriers utilisés au chantier même, l'halfa est acheté au quintal au prix variant de 1 fr. 75 à 2 fr. 50 les 100 kilos, de telle sorte qu'un tâcheron faisant 200 kilos par jour, pourra gagner de 3 fr. 50 à 5fr., sommes qui passeront malheureusement en entier dans les mains du cantinier, qui non seulement vend aux consommateurs des denrées de qualité infime à des prix très élevés, mais qui s'arrange encore, par des moyens divers et peu dignes, à devenir toujours le créancier de son client.

L'halfa cueilli par les tâcherons plus ou moins enrôlés ou récolté par des indigènes du pays, est apporté au chantier, où le soir arrivé on pèse la part de chacun, après l'avoir triée, c'est-à-dire débarrassée des feuilles noires et moisies, impropres à l'industrie, ainsi que des gaînes arrachées par mégarde. La dessiccation résultant de la chaleur du jour et l'élimination des matières mauvaises, entraîne déjà un déchet notable que supporte seul l'ouvrier.

La pesée se fait au moyen de romaines ou de bascules.

Cette opération est encore l'objet d'un véritable vol, car souvent on se sert de balances faussées, de bascules qui ne fonctionnent que sur 3 couteaux et qui pèsent à 25 % de diminution. Il est vrai que l'ouvrier se rattrape, en mettant des pierres, de la terre dans le tas qu'il apporte. De tout cela il résulte que dans la probabilité d'une supercherie, on a arraché dans des conditions telles que le rendement utile du travail n'atteint que 30 %. — Il faut reconnaître que cela arrive particulièrement dans les cas de presse, et qu'en général on opère plus honnêtement.

Quoi qu'il en soit, les parts sont pesées, achetées; l'halfa est maintenant aux mains du concessionnaire qui va lui faire subir diverses manutentions.

1° *Triage*, rangeant l'halfa par fractions qualitative. Chacune de ces qualités est liée en petites bottes exposées à l'air pour être séchées.

2° *Séchage*. Cette opération, qui dure de 3 à 5 jours en été, de 5 à 8 jours au printemps, de 20 à 30 jours en hiver, consiste dans l'exposition quotidienne de ces petites bottes au soleil. Chaque soir, on rassemble les menottes en un tas, affectant la forme d'un long demi cylindre d'un rayon de 1^m,8 et couché sur sa génératrice. On l'appelle *cavaillon*.

Nous avons dit que la perte à la dessiccation était de 15 °/₀ en moyenne; ce chiffre est exact, peut-être même un peu faible quand la maturité est complète, mais il atteint 40 °/₀ quand l'halfa a été cueilli pendant la végétation.

3° *Epuration*. Nouveau triage des menottes séchées; on complète les menottes épurées à 5 kilos environ, puis on les groupe par tas de 12 menottes. — Un arabe fait 200 menottes par jour, au prix de 0 fr. 01 la menotte.

4° *Bottelage*. On réunit les tas de menottes en balles d'un poids variant de 130 à 170 kilos, selon les moyens de transport que l'on a à sa disposition. — Cinq ouvriers font en un jour de 60 à 100 balles.

5° *Pressage*. Ces bottes sont alors soumises à la presse. Selon les lieux et les circonstances, on emploie la presse à bras, la presse à mulet ou la presse hydraulique.

Les bottes à la main occupent 2^{m3} à la tonne; pressées mécaniquement, le volume se réduit d'un cinquième environ, et cinq hommes en un jour peuvent confectionner mécaniquement 100 bottes de 1^{m3},5, représentant par conséquent 100 tonnes.

Quelques prix.

Le quintal vaut sur place, en moyenne. . . F. 2 50

Le menottage à 0,01 la menotte de 5 kilos (20 menottes de 1 quintal). . . . . » 20

Bottelage-pressage (les 100 kilos). . . . . . . {

Triage, manutention. . . . . { 1 10

Total. . . . . . . 3 80 le quintal.

Soit 38 fr. la tonne sur place, le minimum atteignant facilement le prix de 28 fr. les 1000 kilos.

A ce chiffre, il faudra ajouter, pour avoir le prix de revient de la matière première rendue à l'usine :

1° Le transport à mulet, à chameau ou à voiture jusqu'à la voie ferrée ;
2° Le transport par voie ferrée ;
3° La manutention au port d'embarquement ;
4° L'assurance contre l'incendie ;
5° Le fret d'outre-mer ;
6° Les frais généraux ;
7° L'amortissement du matériel.

M. Jules Barse établit de la sorte le prix de revient de l'halfa pour la province d'Oran.

1° Récolte à raison de 60 kilos d'halfa sec par jour et par ouvrier, payé 2 fr., soit pour 100 kilos. . . . . F. 3 33
2° Séchage sur le champ et transport à la route. . . » 75
3° Transport de la route au port. . . . . 1 »
4° Pressage, mise en balles cerclées à 1000 kilos par presse et par jour, desservie par 4 hommes et 2 enfants. » 50
5° Cercles en feuillards de fer de 3 kilos et rivés. . 1 85
6° Transport des presses au navire. . . . . » 35
7° Frais de chefs ouvriers, loyers, entretien de matériel, assurances. . . . . » 50
8° Fret par le Hâvre. 4 50
9° Assurance maritime. . . . . » 30
10° Bénéfice du négociant et intérêt du capital 10 % des sommes ci-dessus. 1 30
                                    Total. . . . . F. 14 38

Ces chiffres sont trop élevés. A ce prix on ne peut avantageusement transporter et traiter en Europe, en raison de la concurrence des autres matières brutes.

§ 3. — CAUSES DE DÉPÉRISSEMENT.

A. *Naturelles.* — *Modification des éléments du terrain par suite de la désagrégation des pentes sous l'action des eaux pluviales, de la gelée et de la sècheresse.*

Les modifications du milieu ont naturellement des actions déterminantes sur les individus qui s'y trouvent plongés et à quelque règne qu'ils appartiennent du reste. Nous avons vu toutefois que les stipes étant répandues en de nombreuses régions de la terre, la résistance de leur constitution était de nature à se plier aux conditions nouvelles plutôt que de périr. Aussi, les intempéries du climat, pluies, gelées, sècheresses sont à peu près sans action sur ce genre robuste. Et il n'est pas jusqu'à leur mode de racinement souterrain et d'expansion aérienne, qui ne soit façonné pour la lutte contre les actions mécaniques des éléments.

Toutefois, lorsque de fortes sècheresses ou de hâtives gelées ont profondément crevassé le sol, et que de violents orages créent d'énormes torrents dévalant avec la vitesse de 30 kilomètres à l'heure, alors la terre surprise dans cet état de résistance est fatalement ravinée.

Les masses halfatières, impuissantes à soutenir le choc des eaux qui décharnent la plaine, sont entraînées par la tourmente, disparaissent sur le cours de ces fleuves aussi puissants qu'instantanés.

Mais ces surprises de la nature ne se renouvellent pas chaque année ; aussi bien, les ravines précédentes dirigent les eaux nouvelles et protègent ainsi les plantes de leur action dévastatrice, tant que des phénomènes anormaux, des obstacles fortuits, la destruction de forêts voisines, n'augmentent pas la puissance irruptrice des torrents.

B. *Artificielles.* — *Exploitation vicieuse, pâturage des troupeaux, action comparée des différentes espèces d'animaux.*

Bien que régulièrement l'exploitation de l'halfa soit frappée d'interdiction durant la période végétative hivernale, pour des raisons que nous n'avons pas à apprécier cette défense reste lettre morte ; aussi la plante opérée en pleine sève perd sa force par les plaies béantes et s'épuise sinon ne meurt. Nous avons vu ainsi de vastes zones desséchées : plus que toute autre cause cette exploitation hivernale amène la ruine des halfatières.

A cela il faut ajouter le procédé des arabes, qui n'hésitent pas à arracher la souche avec laquelle ils se chauffent tandis qu'ils vendent les feuilles.

Sous les peuplements incinérés viennent de fins gazons. L'incinération faite à bonne époque, pourrait être, nous ne le nions pas, une opération avantageuse, mais à la condition d'être effectuée avec le soin le plus grand et une prudence extrême; malheureusement les arabes l'accomplissent brutalement, aussi voit-on un grand nombre de souches brûlées et pour longtemps inutiles.

Les plantes vivant autant par les feuilles que par les racines, il est clair qu'une cueillette trop abondante est de nature à étioler la vitalité de cette graminée, toutefois remarquablement résistante.

Quant à l'action des bestiaux, elle ne peut être mentionnée que pour mémoire.

Les chevaux mangent bien la racine de l'halfa, mais ils ne prennent pas la peine de la sortir de terre; puis ils sont en nombre limité.

Les chameaux broutent tout, sans rechercher particulièrement l'halfa, préférant de beaucoup le *qtâf* et le *rtym*. Le nombre des chameaux n'est pas ensuite tel qu'on ait à redouter leur dent.

Les moutons qui, par centaines de milliers, parcourent les steppes, seraient seuls à craindre, car ils mangent volontiers l'épi quand les herbages font défaut. Or le moment de l'épi est l'époque printanière où poussent entre les touffes de fraîches herbes, le *chy*, le *rtym*, dont les moutons sont de beaucoup plus friands.

Le pâturage de troupeaux est donc non seulement inoffensif, mais au contraire favorable, en raison de la fumure que naturellement il épand.

§ 4. — DANGER DE DÉPÉRISSEMENT DE L'HALFA AU POINT DE VUE DE L'INDUSTRIE HALFATIÈRE, DES RESSOURCES PASTORALES, DU DÉPLACEMENT DES SABLES DANS LE SUD ALGÉRIEN.

Point de vue économique et social. — L'halfa est un des puissants facteurs de la richesse algérienne. Et, en effet, si on évalue à 9 millions d'hectares la superficie halfatière de l'Algérie et de la Tunisie réunies, nous voyons, en sectionnant l'exploitation par coupes triennales, que cette production naturelle représente annuellement $9,000,000 \times 850$ kil. $= 7,650,000$ tonnes d'halfa sec, qui transformé en pâte à papier, donne

3,825,000 tonnes, représentant une valeur moyenne de 229,500,000 francs.

Raisonnant sur ce qu'il faut, pour la coupe seule, un homme par 24 hectares d'exploitation annuelle, nous voyons immédiatement, au point de vue économique et social, la portée de la conservation des halfatières.

Évidemment la consommation présente une limite; mais cette borne s'éloigne de plus en plus en raison des applications multiples de la pâte à papier. Il est même facile d'établir la progression, et rien que pour les années actuelles, le bénéfice de cette exploitation et le nombre de têtes qu'elle alimente impose de protéger activement-cette graminée contre toute exploitation intensive et destructrice.

Et, en effet, en Algérie, de 1880 à 1884, l'exportation annuelle moyenne de l'halfa s'est chiffrée par 80,000 tonnes. Au prix moyen sur quais d'Alger de 110 fr. la tonne, cette exportation représente la somme de 64,384,705 francs, soit 12,000,000 francs par an.

Comme la manipulation complète exige au minimum (coupe, pesage, transport, manutention) deux travailleurs par 24 hectares, cette exportation représente le travail au minimum de 200,000 individus.

Sous le rapport des ressources pastorales. — Mais c'est surtout au point de vue de la conservation des troupeaux que la destruction des halfatières entraînerait des conséquences désastreuses, car on n'ignore pas que la production ovine est le principal avantage que tire la France de sa colonie Algérienne.

Les régions halfatières des hautes steppes sont, en effet, pâturées par deux ordres ou deux classes de troupeaux : ceux sédentaires des steppes, ceux des demi-nomades sahariens.

Les premiers, généralement plus ou moins commandités par des européens, restent l'année entière sur les steppes, remontant seulement un peu au nord, à la saison estivale, jusqu'à la lisière du Tell.

Durant les froidures de l'hiver, l'halfa constitue pour ces troupeaux vivant en plein air une litière excellente, indispensable. En outre, entre les touffes, les moutons s'abritent des froides bises et évitent de la sorte une partie du rayonnement glacial. L'halfa remplace les étables. Sans l'halfa, les troupeaux mourraient de froid, et quand on a affaire à des centaines de mille d'individus obligés de pâturer en changeant de lieux,

6

pour avoir sans cesse une nourriture abondante, il est difficile de songer à remplacer l'abri naturel par des étables artificielles.

Aussi bien l'halfa n'abrite pas que les bêtes. En hiver il préserve de la gelée les petites herbes qui viennent entre les touffes, nombreuses, succulentes, parfaites pour l'élevage, et aux chaleurs venues, sous l'ombre de leurs tiges, à la fraîcheur relative de leur masse élevée, les herbes protégées de l'ardeur du soleil bravent la sècheresse et permettent aux troupeaux des régions sahariennes, destinés à la mort s'ils restaient plus au sud, de venir se sustenter, durant la saison estivale, d'avril à septembre, jusqu'à ce que l'automne venu et le Sahara reverdi, ils aient pu, d'étape en étape, regagner les plaines du sud.

En hiver, l'halfa préserve de la gelée, en été de la faim. Sans lui, l'élève du mouton devient impossible en Algérie.

Sous le rapport des eaux. — Et non seulement l'halfa entraîne ces avantages incontestables ; mais on peut encore lui attribuer l'existence des eaux constantes que l'on trouve sur les hautes steppes. Supprimez l'halfa, et quand les pluies viendront, elles dévaleront en pluies torrentielles vers les coupures du sud, sans avoir le temps de s'infiltrer dans la terre et d'y emmagasiner les réservoirs qui alimentent les sources constantes, estivales, qui font de cette région une véritable terre de production et d'avenir.

Grâce à lui, les terres sont maintenues, les routes garanties, les cultures agricoles possibles, le reboisement facilité.

Ses pointes aiguës permettent le rayonnement nocturne qui par les jours d'été ramène encore quelque bienfaisante fraîcheur. C'est la plante tutélaire des immenses solitudes où l'Algérie peut sans crainte, sans frais hasardés, seulement par de sages règlements et le gouvernement équitable de l'indigène, conquérir la richesse pour laquelle elle n'a pas jusqu'ici fait de véritable effort.

Sous le rapport du déplacement des sables dans le Sud algérien. — L'halfa végétant aisément dans le sable, a parfaitement réussi sur les dunes et déterminé leur fixation. Ce résultat ne serait évidemment que momentané, si une autre action d'une autre sorte mécanique, ne venait joindre son effort.

Les sables étant apportés par les vents du sud et cette cause ne pouvant être détruite, il est incontestable que si les dunes fixées par l'halfâ forment, sans bouger, rempart au vent, celui-ci accumule contre elles le sable qu'il entraîne et tend par conséquent à les augmenter en épaisseur, en longueur et en hauteur jusqu'à ce qu'il ait enterré l'halfâ.

L'action de l'halfâ serait donc limitée, si sa masse verdoyante n'avait, par des influences de température, la propriété de modifier la direction des courants aériens, et de déplacer par suite les lignes de dépôts sableux. Ces vastes nappes agissent en quelque sorte à la manière des forêts, non seulement en arrêtant les eaux; mais en empêchant encore l'échauffement des steppes sous les rayons brûlants d'un soleil vertical. Les halfâtières constituent donc un obstacle sérieux à l'envahissement du Tell par le climat Çaharien. Elles jouent assurément un rôle bienfaisant et important dans le régime des vents du nord Africain. La conservation de l'halfâ présente ainsi de nombreux titres à la sollicitude et à la protection de ceux qui ont quelque souci de notre belle colonie Algérienne. Ajoutons qu'il est temps d'aviser, car le mode actuel d'exploitation conduit à la ruine.

CHAPITRE III.

MANIPULATION ET EMPLOI DANS L'INDUSTRIE.

§ 1. — INDICATION SOMMAIRE DES MODES D'EMPLOI DE L'HALFA POUR LA FABRICATION DE LA PÂTE A PAPIER, DES TISSUS, DE LA SPARTERIE, DES CORDES, ETC., ETC.

Jusqu'ici on n'a guère exporté d'Algérie que de l'halfa à l'état brut. Le traitement industriel de cette graminée sur les lieux mêmes de production entraînerait cependant une révolution économique profonde, et tout à l'avantage de la France. Il est donc utile d'étudier d'un peu près cette question, et tout d'abord, sous le rapport chimique, les transformations et les utilisations de la plante.

Données générales chimiques. — La matière première du papier est la substance qui forme la partie solide de tous les végétaux : la cellulose. Le tissu de toutes les matières végétales est formé de cellules infiniment petites et la substance qui constitue ces cellules est la cellulose.

La cellulose présente toutes les variétés de forme et de structure qu'on rencontre dans la série botanique, et notamment trois formes principales : 1° utriculaire, 2° membraneuse, 3° vasculaire ou fibreuse.

1° Sous l'apparence d'utricules variables, elle compose en grande partie la moëlle intérieure et l'écorce des tiges, la pulpe des fruits, le parenchyme des feuilles et des fleurs, etc. La transformation de l'utricule élémentaire donne naissance à tous les tissus végétaux. Le tissu utriculaire passe en grande partie dans le déchet du lavage, quand on traite les textiles.

2° Quand le tissu utriculaire s'aplatit et que ses cellules se soudent les unes aux autres par une substance plastique, on a le tissu membraneux. En cet état, la cellulose est inapplicable à la papeterie. Si elle ne passe pas dans les lavages, elle apparaît dans le papier sous forme de plaquettes qui nuisent à son homogénéité et à son épaisseur.

3° Elle se rencontre dans le liber ou dans les couches ligneuses des végétaux ; elle est la véritable forme qui convient au papier, c'est donc la cellulose vasculaire ou fibreuse qu'il faut récolter.

Les fibres végétales sont constituées par des cellules très allongées, fusiformes, et dont les parois sont généralement formées d'un grand nombre de couches, de manière à rétrécir leurs cavités et à les oblitérer même parfois tout à fait. Généralement, la proportion pleine l'emporte beaucoup sur la partie vide, de sorte que la paroi des fibres est toujours très épaisse. C'est cette variété de cellules fusiformes qui constitue la grande masse des fibres textiles. Improprement appelés vaisseaux, ces tubes fermés à leurs deux bouts proviennent évidemment de la soudure d'un certain nombre d'utricules bout à bout, comme il est facile de le constater par les étranglements vus au microscope et par l'action de l'acide azotique bouillant qui sépare les éléments utriculaires sous forme de cellules perforées.

Les fibres peuvent se diviser en cinq classes :

1. Fibres rondes, franchement nervurées : chanvre, lin ; faisceaux fibreux d'un dixième de millimètre de diamètre, que la trituration décompose en baguettes cylindriques d'un quatre-vingtième de millimètre de diamètre et qui se refendent en une quantité de fibrilles.

2. Fibres rondes, lisses ou faiblement nervurées : halfà, jute.

Les fibres de l'halfà sont minces, élancées, mesurent à peine un centième de millimètre de diamètre sur 4 à 5 millimètres de longueur ; elles se prêtent remarquablement au feutrage.

3. Matière fibro-celluleuse ; pâte provenant de la paille de seigle ou de blé, soumise à l'action des lessives caustiques et portée sous pression à la température de 120° à 130°. Cette pâte est formée de fibres rondes d'un cinquantième de millimètre de diamètre, se contournant, se pliant facilement, et de cellules de formes diverses, dans lesquelles le rapport de la longueur au diamètre est toujours faible. Ces cellules sont incapables de se feutrer.

4. Fibres plates : fibres de coton, fibres de bois traité chimiquement, fibres de mûrier, de bambou, d'agave ; se présentent sous forme de rubans plats.

5. Matières imparfaites : matière obtenue par la mouture mécanique du bois; ce ne sont pas de véritables matières fibreuses, mais de simples faisceaux de fibres reliées par un glutin (pectose) et pourvues encore de leurs matières incrustantes qui rendent la fibre raide, cassante et déterminent ainsi l'altération du papier mécanique par formation d'humus.

Le papier de bois chimique s'altère aussi , mais beaucoup moins ; c'est un bon produit d'amalgamation, qui cependant doit être absolument exclu de la fabrication des papiers destinés aux documents.

L'existence du règne animal est fonction de celle du règne végétal :

« Depuis le cèdre du Libanon , jusqu'à l'hysope des scheols antiques , » l'unité de la matière varie ses manifestations sous la caresse énamou-» rée des rayons radiants des centres lumineux. »

Il y a échange constant et réciproque entre les deux règnes.

Les éléments de l'acide carbonique, le carbone , l'oxygène et ceux de l'eau, l'hydrogène et l'oxygène que l'on rencontre dans les végétaux , se groupent de façon à former une sève qui descend dans le tronc et se condense en corps solides, cellulose et matières incrustantes , suivant la proportion d'oxygène abandonné.

La cellulose n'est donc pas isolée dans les végétaux, et la sève, ce liquide aqueux, de saveur douceâtre, parfois légèrement alcalin, diffère selon les espèces et les époques. On y trouve des principes azotés, rési-neux, gommeux, féculants , sucrés, colorants, acides ou alcalins et toujours accompagnés de substances minérales qui sont la base des cendres. Elle recèle encore des principes particuliers, inconnus , les principes pectiques notamment qui ont une action sur le plus ou moins d'agglutination des fibres entre elles.

L'élément essentiel de la sève est la glucose ($C^{12}H^{10}O^{10} + HO$) isomère avec la cellulose, qui se trouve formée dans les feuilles , et de là arrive dans le tronc où, dans les arbres , par exemple, elle constitue le bois, dont les couches annuelles sont rendues apparentes par des cercles con-centriques distincts. Les principes minéraux sont empruntés au sol par les racines et l'écorce est fournie par les parties de la sève qui ne trou-vent pas d'emploi dans la formation du bois et sont par conséquent éliminées.

La cellulose a la même composition que la fécule , la dextrine , l'inu-line. C'est l'isomère de ces substances, dont la grande diversité d'appa-rence et de propriétés n'est produite que par le groupement différent de leurs atomes, puisqu'elles renferment du carbone (C), de l'hydrogène (H) et de l'oxygène (O) dans les mêmes proportions.

Au point de vue chimique, c'est un hydrate de carbone qui se forme ainsi : le parenchyme des feuilles, sous l'influence de la radiation solaire et en présence d'une certaine proportion d'acide carbonique et d'eau, est décomposé, dégage une partie de l'oxygène et combine le reste en le condensant en une seule molécule : la *glucose*. Le phénomène peut être synthétisé par l'équation :

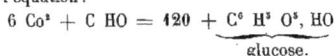

$$6 \ Co^2 + C \ HO = 120 + \underbrace{C^6 \ H^3 \ O^5, HO}_{glucose.}$$

Le produit final est donc du genre sucre dont la cellulose est formée.

Cette glucose a une grande tendance à se combiner à l'état naissant, avec élimination de 2 molécules d'eau, sous l'influence vitale de la plante, pour engendrer un produit plus complexe. On admet que la germination enlève l'eau à la glucose, que 2 molécules déshydratées se condensent en dextrine, et que chacune d'elles, par l'admission d'une autre molécule déshydratée se condense en fécule, pour se condenser ultérieurement, en suivant le même ordre, sous forme de mono-cellulose, de di-cellulose, de tri-cellulose et autres poly-celluloses.

1 molécule de glucose étant représentée par la formule $C^6 \ H^6 \ O^5 \ HO$

2 molécules de glucose se condensent en $\quad\quad C^{12} \ H^{10} \ O^{10} \ nHO$

$$\underbrace{}_{\text{dextrine et eau.}}$$

1 molécule de glucose et 1 molécule de dextrine $\quad C^6 \ H^5 \ O^3 \quad HO$
$$C^{12} \ H^{10} \ O^{10} \ nHO$$

se condensent en $\quad\quad C^{18} \ H^{15} \ O^{13} \ nHO$

$$\underbrace{}_{\text{fécule et eau.}}$$

1 molécule de glucose et 1 molécule de fécule $\quad C^6 \ H^5 \ O^5 \ nHO$
$$C^{18} \ H^{15} \ O^{15}$$

se condensent en $\quad\quad C^{24} \ H^{20} \ O^{20} \ nHO$

$$\underbrace{}_{\text{mono-cellulose.}}$$

1 molécule de glucose et un molécule mono-cellulose $C^6 \ H^5 \ O^3 \quad HO$
$$C^{24} \ H^{20} \ O^{20} \ nHO$$

se condensent en $\quad\quad C^{30} \ H^{25} \ O^{25} \ nHO$

$$\underbrace{}_{\text{di-cellulose.}}$$

1 molécule de glucose et 1 molécule di-cellulose $\quad C^6 \ H^5 \ O^5 \quad HO$
$$C^{30} \ H^{25} \ O^{25} \ nHO$$

se condensent en $\quad\quad C^{36} \ H^{30} \ O^{30} \ nHO$

$$\underbrace{}_{\text{tri-cellulose.}}$$

On voit la loi. Des condensations plus nombreuses doivent avoir lieu selon ce principe, sans atténuation de la composition chimique centésimale. C'est à cela qu'on peut faire remonter la diversité d'espèces de papiers qui, tout en ayant une composition centésimale identique, sont d'autant plus transparents, denses, avides d'eau, sonnants, élastiques, sujets au retrait, au recroquevillage, qu'ils sont formés d'une cellulose d'un degré plus élevé.

On conçoit que des réactions artificielles peuvent arriver à modifier le produit de la matière première brute en transformant la cellulose. On induit que tout agent énergique de déshydratation (acide sulfurique) sera favorable aux métamorphoses de condensation; que tout agent d'hydratation, dont la fermentation permettra de dédoubler la cellulose, la fera passer des variétés les plus condensées aux plus simples.

Avant la pratique du lessivage, le pourrissage avait ce but: il retirait à certaines fibres leur dureté, leur transparence, leur nature trop glutineuse par un dédoublement obtenu d'une manière empirique. La cellulose du coton $C^{24} H^{20} O^{20}$ est la plus simple. Les autres termes de la série cellulosique, employés ou utilisables en papeterie, résultent, comme on l'a vu, des additions successives de glucose au terme initial. Toutefois on prend généralement pour formule de la cellulose l'expression $C^{12} H^{10} O^{10}$, qui forme ainsi la composition du produit:

12 atomes de carbone équivalent 6, soit 72 parties ou 44,45 %

10 . . . . d'hydrogène . . . . . 1 . . 10 . . . . 6.17 %

10 . . . . d'oxygène . . . . . . 10 . . 80 . . . . 49,36 %

                                                    —————
                                                     100

La cellulose pure est blanche, translucide, insoluble dans l'eau, l'alcool, l'éther, les huiles fixes et volatiles; mais elle se dissout complètement dans une solution d'oxyde de cuivre ammoniacal.

Dans les cellules et les vaisseaux du tissu fibreux, la membrane épidermique, composée de cellulose, est souvent épaissie et transformée partiellement en ligneux par les couches qui se déposent graduellement, ou bien imprégnée de matières colorantes ou colorées.

Dans les algues et les lichens, la cellulose est imprégnée de *lichénine*.

Dans les stipes et les lygées, on y trouve un alcali volatil de la formule $C^{15} H^{26} AZ^{2}$ appelé *spartéine*. Pure, la spartéine distille sans altération à 180°, 181° sous une pression de 20 millimètres. Le brome la transforme en masse rouge résineuse. Elle constitue une huile incolore, peu fluide, plus dense que l'eau, bouillant à 287°; odeur similaire de l'aniline; saveur très amère; vénéneuse, narcotique. C'est une diamine tertiaire. En mélangeant des solutions de chlorhydrate de spartéine avec du bichlorure de mercure, on obtient des cristaux orthorhombiques de très belle coloration rougeâtre.

Dans un grand nombre de cas, les parois des cellules isolées sont réunies les unes aux autres par de la pectose, de la pectine, de l'acide pectique ou par des sels résultant de la combinaison de ces acides avec la potasse, la chaux, la silice.

Ces substances, jointes à beaucoup d'autres encore inconnues, ainsi que la silice, les résines et la chlorophylle qu'on rencontre aussi dans la plante, n'ont point encore été étudiées exactement et sont comprises sous la dénomination de *matières incrustantes.*

Nous savons seulement que leur caractère et leur quantité varient considérablement suivant l'âge des plantes, qu'elles sont de nature acide, alcaline, résineuse, gommeuse, amylacée et saccharine, et toujours accompagnées de matières colorantes et des matières minérales qu'on retrouve dans les cendres. Ces matières ne diffèrent pas sensiblement de la cellulose comme composition, ainsi qu'il résulte de la comparaison suivante entre diverses espèces de matières, dans lesquelles il n'est pas tenu compte de la quantité de cendres.

	Chêne.	Sapin.	Pin.	Hêtre.	Peuplier.	Coton.	Stipe.	Cellulose.
Carbone...	52.87	51.79	50.00	49.25	48.00		45.33	44.45
Hydrogène..	6.00	6.28	6.20	6.40	6.00		6.09	6.17
Oxygène...	41.13	41.93	43.80	44.35	46.00		48.58	49.38

Les solutions diluées d'alcalis caustiques et les acides dilués n'attaquent pas la cellulose tant soit peu solide, même quand on la soumet à l'action d'une ébullition prolongée.

Les acides sulfurique et phosphorique concentrés détruisent la cellulose, même à froid; ils la transforment d'abord en une substance analogue à l'amidon, puis en dextrine et finalement en glucose.

7

L'acide sulfurique concentré se combine avec la cellulose et forme un acide double qui, dilué et soumis à l'ébullition, se décompose et produit de la glucose.

L'acide nitrique concentré fournit, en agissant sur la cellulose, de la pyroxyline (poudre-coton).

Les agents fortement oxydants, tels que le chlore et l'acide hypochloreux, peuvent, même en présence de l'eau, provoquer la destruction et la combustion de la cellulose.

Quand on soumet de la pâte à papier ou du papier à filtrer réduit en filaments à l'action d'une solution saturée de chlorure de chaux, il se produit, quand on chauffe la solution, une réaction très énergique qui continue même après qu'on a éloigné la source de la chaleur. Cette réaction donne lieu à un très-vif dégagement d'acide carbonique et la cellulose est détruite, consommée.

En imbibant du papier, du coton, ou tout autre tissu végétal formé de cellulose pure, avec une solution aqueuse d'iode, et ajoutant ensuite une goutte d'acide sulfurique concentré, on fait apparaître immédiatement une coloration bleue. Cette réaction de l'iode est caractéristique pour l'amidon.

On doit donc admettre que la cellulose, dans le premier moment d'action de l'acide sulfurique, est transformée en une substance qui se rapproche de l'amidon. Mais la façon dont la cellulose se comporte en présence de l'iode et de l'acide sulfurique n'appartient pas exclusivement à l'amidon ; il existe quelques autres subtances produisant le même phénomène.

Les transformations que subissent les matières cellulosiques dans des circonstances variées modifiant leur état physique, proviennent de l'action des acides, tout en semblant, dans certains cas, comme dans leur blanchiment à l'action des chlorures décolorants, devoir être attribuées à d'autres causes.

La pourriture sèche du bois, par exemple, n'est aucunement le fait de parasites, de cirons. Des germes de ferments pénétrant facilement au travers de la masse ligneuse, portent leur action sur les matières sucrées, amylacées ou autres du bois considéré. De ce contact résultent des réactions acides qui agissent sur les parties cellulosiques de la charpente végétale, transforment le tissu résistant cellulaire en hydrocellulose, c'est-à-dire en une matière cassante, friable, enlevant ainsi au bois son élément fondamental de résistance.

Que de fois les tissus végétaux se déchirent d'eux-mêmes, alors que, suspendus en l'air comme les rideaux, ils sont à l'abri de toute action mécanique désagrégeante. On dit que la pièce est brûlée. En réalité, au milieu du tissu poreux, l'hydrogène sulfuré, l'acide sulfureux que renferme l'atmosphère dans des conditions spéciales, s'oxydent, et les tissus cellulosiques de la matière se comportent comme en présence des acides, c'est-à-dire se transformant en hydrocellulose friable.

Sous l'influence des acides minéraux énergiques (acide sulfurique, chlorhydrique, iodhydrique, bromhydrique, fluorhydrique), la cellulose $C^{14}H^{10}O^{10}$ se transforme en une matière cassante, friable, l'hydrocellulose, intermédiaire entre la cellulose et la glucose, et de formule $C^{12}H^{11}O^{11}$. Cet hydrate de carbone est d'autant plus friable que l'hydrocellulose obtenue se rapproche davantage de sa formule théorique.

Les acides oxalique, tartrique, citrique agissent d'une façon analogue. Il n'est pas même nécessaire de contact immédiat; l'exposition aux vapeurs d'acides hydratés suffit, les gaz froids et humides accomplissent la transformation. On trouve un effet de ce genre dans la désagrégation des membranes et des cordons qui retiennent les bouchons de verre des flacons fermés à l'émeri et renfermant des acides énergiques.

Les sels à réaction acide et ceux qui abandonnent partiellement leur acide, désorganisent aussi la cellulose.

La transformation de la cellulose en un produit friable, est le résultat d'une hydratation directe, par l'action des acides ou de la potasse concentrée.

Si maintenant nous prenons de l'hydrocellulose amenée à son point maximum de ténuité et si nous la broyons au contact de l'eau, l'hydrate de carbone semblera reprendre ses propriétés adhésives, qu'il avait à l'état cellulosique, et les fragments, ténus, dissociés par le broyage, deviendront susceptibles de se souder à eux-mêmes, de s'agglomérer sous pression en une masse de solidité relative.

C'est le principe de la fabrication du papier parcheminé, par l'acide sulfurique, qui transforme la cellulose simple en cellulose plus compliquée (hydrocellulose), et à arrêter la transformation en recoagulant la masse en un produit opaque, au moyen de lavages abondants.

La partie solide des végétaux étant de la cellulose et celle-ci la matière première du papier, toutes les plantes pourraient donc servir à faire du papier, puisqu'elles renferment toutes de la cellulose.

Malheureusement son extraction économique du milieu où elle est, n'est pas toujours possible.

Cohérente, spongieuse dans les jeunes pousses des graines qui entrent en germination et dans les racines des plantes (navets, pommes de terre), elle est poreuse et élastique dans la moelle du jonc et du sureau, flexible et tenace dans les fibres du chanvre et du lin, compacte dans les branches et le corps ligneux des arbres en croissance, très dure et dense dans les coquilles de noix, les noyaux de pêches et ceux du *Phytelephas* ou arbre à ivoire.

Dans sa forme séreuse, le tissu cellulaire des végétaux est facile à digérer ; mais lorsqu'il s'est solidifié, comme dans les enveloppes de graines et les parties dures du tronc et s'est recouvert d'une croute ligneuse ou même lorsqu'il est formé par la réunion de fibres tenaces, comme celles du chanvre et du lin, il n'est plus de facile digestion et ne peut servir à la nourriture des animaux d'un ordre supérieur.

De ce que les fibres propres à la fabrication du papier ne se décomposent plus assez facilement pour pouvoir servir à la nourriture animale, on peut déduire, en thèse générale, que les plantes sont d'autant moins propres à la fabrication du papier qu'elles renferment une plus grande quantité de matière nutritive.

Longtemps on n'a su faire usage que du chanvre, du lin, du coton employés à l'état de chiffons, qui par les manipulations multiples qu'ils subissent, et surtout le blanchissage, finissent par séparer les corps étrangers de la cellulose. La diminution des chiffons, le développement de la consommation du papier ont tourné l'industrie vers l'utilisation des succédanées du chiffon.

Le problème à résoudre reposait sur la désagrégation régulière et la division des fibres végétales, de façon à les rendre aptes au feutrage en feuilles minces et blanches, d'une texture égale, présentant tout à la fois de la tenacité et de la flexibilité.

Il fallait que ces matières fibreuses, très divisées en filaments d'une ténuité extrême, d'une grande longueur eu égard à leur section transver-

sale très petite, très résistants aux efforts de la traction proportionnelle-
ment à cette section, doués d'une flexibilité parfaite, et délayées en une
masse liquide, pussent se déposer en strates concordantes, formant des
feuilles de dimensions diverses et telles que ces matières fibreuses, en-
chevêtrassent en se superposant leurs filaments fins et contournés de
façon à multiplier les points de contact, d'attache, de frottement, formant une sorte de feutrage serré, uni, uniformément épais.

Il fallait que le produit fût tenace, c'est-à-dire résistant à la charge,
au choc, à la poussée, à la déchirure, à la rupture ; — durable, c'est-
à-dire persistant sans altération, résistant aux désagrégations physiques,
chimiques, à l'oxydation naturelle, c'est-à-dire à la formation d'humus,
de texture homogène, d'apparence superficielle lustrée pour la consommation chirographique, et en outre *bon marché et souple*.

La déchirure est le fait de la séparation des fibres entre elles ; elle est
donc fonction de l'enchevêtrement des fibres c'est-à-dire de leur longueur.

La rupture provient de la faiblesse de la section transversale des fibres
prises individuellement. En outre, plus la cellulose est pure, moins elle
jaunit, brunit, s'altère : or l'extraction de la cellulose à l'état pur est plus
ou moins facile et coûteuse. La matière première devait donc répondre
à ces conditions naturelles.

Sous le rapport industriel, d'autres équations de condition se présentent :

1° Les plantes qui fournissent les fibres à l'état sauvage doivent être
en quantité suffisante pour motiver une installation ;

2° Le prix de revient de la matière brute ne doit pas rendre toute lutte
impossible avec les matières inférieures en usage ;

3° La matière brute doit donner un rendement proportionnel aux efforts;

4° La matière doit donner un produit supérieur en qualité ou inférieur
en prix ;

5° Les frais de transport ne doivent pas grever la matière d'une somme
qui annihile ses avantages ;

6° Son déchet ou traitement doit ne pas annuler les frais effectués ;

7° Son traitement pratique doit ne pas présenter des difficultés ou des
frais de transformation impossibles à soutenir.

Des centaines de succédanés du chiffon ont été proposés, essayés. Toutes les plantes renferment de la cellulose, il n'en existe que peu qui ne puissent donner du papier. Nous avons dit toutefois que cette possibilité avait une limite déterminée par les proportions de cellulose rendue, aux frais de traitement et par la nature feutrante des fibres.

Nous parlons bien entendu du papier d'impression ; les papiers d'emballage et le carton n'exigeant pas des conditions analogues et toutes les plantes marécageuses pouvant être employées à cet effet.

Nous dirons plus loin les inconvénients d'un certain nombre d'entre elles. Nous donnerons immédiatement la classification des papiers, selon leur composition, ainsi qu'elle est admise.

1º Papier de pur fil, collé en feuille à la gélatine ;

2º   —   collé en pâte ;

3º   —   collé d'après la méthode mixte ;

4º   —   collé en pâte à la résine ;

5º Papier de fibres d'halfa ou de coton mélangées à des fibres de lin;

6º   —   d'halfa ou de coton purs ;

7º   —   de lin, de paille, de bois mélangées en quantités variables ;

8º   —   de paille ou de bois, avec addition de matières minérales.

Cette classification nous montre que l'halfa vient en première ligne à la suite des chiffons.

Aussi bien, sa fibre, d'une grande finesse, d'une épaisseur moyenne de $0^m,012$, finissant en pointe aux deux extrémités, est très unie, souple, tenace, et se feutre avec la plus grande facilité. La longueur moyenne de ses éléments cellulaires est de $0^m,0025$, et son rendement en cellulose égale 56 %.

L'analyse des halfas (d'Espagne) donne les résultats suivants :

Eau	9.62
Huile.	1.23
Substance albumineuse	5.46
Dextrine, gomme, sucre.	22.37
Matières minérales (cendres)	5.04
Fibres ou cellulose	56.28

Analyse de M. J. Barse :

Matière colorante jaune.	12. »	
Matière colorante rouge.	6. »	26 50
Gomme, résine . . . .‘. .	7. »	
Sels (cendres d'halfa)	1.50	

Fibres à papier . . . : 73 50

TOTAL. 100 00

La graminée répond donc aux conditions de résistance, de souplesse, de durée, d'inaltérabilité.

Elle occupe, dans l'Atlas français, plus de 12,000,000 d'hectares.

Sa cueillette est facile, sa venue naturelle, sa reproduction assurée.

Ainsi que nous le démontrerons, elle peut sur place être transformée directement en pâte à papier, sans l'aide du charbon, au moyen des seules forces hydrauliques et des réactifs chimiques existant sur les lieux.

Son utilisation, donnant un produit de qualité supérieure estimé plus de 1,100 fr. la tonne et obtenu à un prix de moitié moindre de l'évaluation actuelle, ne peut donc manquer d'être la source de bénéfices très rémunérateurs.

L'halfa ou esparto du commerce est vendu en menottes ou en balles. A l'état sec, la fibre renferme encore 6,95 % d'eau. Saturée dans la vapeur, elle donne 13,32 %.

Les cendres s'élèvent à 2,20 % de la matière sèche, et la plante est encore facilement reconnaissable à cause de la salicatisation de l'épiderme, dont les formes apparaissent parfaitement conservées après l'incinération. L'iode et l'acide sulfurique colorent la fibre en rouge de rouille ; le cuivre ammoniacal la teint en vert, mais la fibre nettoyée et blanchie, telle qu'on l'emploie dans la fabrication du papier, est colorée en bleu par l'iode et l'acide sulfurique.

Nous allons indiquer les divers procédés employés pour la fabrication des papiers d'halfa. Nous mentionnerons également les brevets nouveaux entraînant des perfectionnements dont la nature est susceptible de modifier profondément l'industrie algérienne.

La fabrication du papier, en général, comprend deux groupes d'opérations : 1° la réduction de la matière première en pâte ; 2° l'extension de la pâte en feuilles.

1° RÉDUCTION DE LA MATIÈRE EN PATE.

Cette opération repose sur la désagrégation des fibres. Dans l'antiquité, les Égyptiens fabriquaient leurs stèles, ainsi que le raconte Pline (liv. XIII, chap. XI), en défibrant les papyrus, à l'aide d'aiguilles acérées.

Plus tard, on remplaça cette opération mécanique par une manipulation chimique naturelle et empirique, le pourrissage, sur lequel nous nous étendrons plus tard.

Actuellement, on use de préférence de réactifs appropriés.

Le but constant est de retirer du textile la cellulose à l'état de pureté le plus grand ou inversement d'éliminer les diverses matières incrustantes sans attaquer la cellulose.

Extraction des fibres. — On sait que les combinaisons d'oxygène, d'hydrogène et de carbone constituent des corps d'autant plus solides qu'elles renferment moins d'oxygène. Naturellement, pour décomposer ces corps, il n'y a qu'à procéder inversement, c'est-à-dire à augmenter leur quantité d'oxygène, qui les transforme alors en acide carbonique et en eau.

A la température ordinaire, cette transformation exige une quantité insignifiante d'alcali, mais par contre beaucoup de temps ; la fermentation par rouissage ou pourrissage a, a entre autres, cet inconvénient.

L'acide sulfurique décompose les matières celluleuses ; d'autre part, il n'a que peu d'action sur l'enveloppe gommeuse et les matières incrustantes qui protègent les fibres; son emploi doit donc être rejeté.

L'acide azotique concentré décompose les matières celluleuses ainsi que les matières incrustantes. Toutefois, c'est tout d'abord sur ces dernières qu'il porte son action, de telle sorte qu'il est suffisamment dilué, lorsque la cellulose est mise à nu, pour rester en contact plusieurs heures avec les fibres sans les détériorer.

L'eau régale agit de la même manière.

L'acide chlorhydrique concentré oxyde et décompose les matières incrustantes, mais n'attaque la cellulose qu'après un contact de quelques jours.

La chaux caustique (mélange de 1/2 de chaux et de 1/2 carbonate de soude) presque insoluble dans l'eau, ne pénètre pas dans le tissu fibreux, mais ne peut dissoudre plusieurs des matières incrustantes. La chaux modifie les substances incrustantes et pectiques des végétaux qui n'ont pas subi le rouissage en leur donnant un caractère pulvérulent, qui en permet le départ, lorsque soumises à l'écrasement, elles sont largement lévigées. Le carbonate de soude dissout la plupart des corps gras et résineux, les matières incrustantes, albuminoïdes, pectiques.

Des solutions de chaux et de soude caustique décomposent à une haute température les combinaisons siliceuses et la plus grande partie des matières incrustantes ; par contre, suffisamment concentrées, elles peuvent au bout de quelque temps attaquer la cellulose.

Enfin, certaines réactions déterminées par le courant électrique produisent à l'état naissant des effets désagrégateurs qu'on ne saurait obtenir par la température ou la concentration.

Il est évident, d'autre part, que la cellulose sera d'autant plus attaquable que sa formule se rapprochera plus des matières incrustantes. Or ce sont ces dernières qu'il faut éliminer. La question revient donc à détruire par les acides les matières pectiques qui soudent les fibres entre elles et par conséquent à faciliter au liquide désagrégeant la pénétration dans la masse des fibres.

L'opération rationnelle chimique qui réalise ce but est dite *lessivage ;* l'opération naturelle empirique, *pourrissage.*

Triage. — Avant la désagrégation dite *lessivage* le textile subit diverses manipulations.

En premier lieu, l'halfa qui arrive aux fabriques pressé en balles, est remis aux ouvrières chargées de le trier, ou plutôt de le nettoyer, car l'halfa n'est pas comme les chiffons classé, pour la fabrication de la pâte, en diverses catégories. Il arrive tout catalogué. Il est éparpillé sur les tables où les ouvrières le débarrassent des corps étrangers, des extrémités, tiges ou racines qui doivent être arrachées ou coupées soigneusement.

Généralement, l'halfa ainsi nettoyé est mis en bottes ou en sacs d'un poids déterminé, pour qu'il ne reste plus tard, lors du chargement dans les chaudières destinées à la désagrégation, qu'à compter le nombre de bottes.

Broyage. — Avant de soumettre le sparte au lessivage, on lui fait généralement subir un broyage en long, au moyen de cylindres cannelés. Les filaments ainsi divisés sont plus perméables aux agents chimiques.

8

Lessivage. — Le lessivage est, comme on l'a vu, l'opération la plus importante, puisqu'elle a pour but de séparer les fibres du parenchyme résino-siliceux, de ce que les fabricants appellent *la grasse* (substance incomplètement déterminée, qui donne de la transparence au papier et qui, d'après ce que nous avons expliqué plus haut, doit être de la cellulose plus faiblement agrégée), en un mot de séparer de la cellulose les combinaisons siliciques ou les substances minérales, de dissoudre les matières oléïques, résineuses, gommeuses pectiques.

Selon l'origine, le climat, l'âge des halfas, la composition du liquide lessiveur peut différer.

Procédés de Lessivage.

1° *Procédé Orioli :* le lessivage est fait à l'ammoniaque.

2° *Procédé à froid*, conseillé par M. Buchvalder : il consiste à faire macérer dans un bain de chaux ou alcalin et pendant vingt-quatre heures les feuilles d'halfa.

En augmentant la température, on peut réduire de moitié la durée de l'opération.

3° *Procédé à chaud*, conseillé par M. Buchvalder : si l'on tient à une désagrégation rapide, il faut faire bouillir l'halfa pendant une demi-heure environ dans une dissolution de carbonate de soude.

L'addition d'une certaine proportion d'ammoniaque dans le bain alcalin, augmente ses propriétés et dissout la silice. Les fibres du tissu végétal, détachées ainsi de la substance siliceuse, se prêtent mieux au défilage et au blanchiment, avec économie de soude caustique et de chlorure de chaux.

4° *Procédé par cuisson*, conseillé par M. Buchvalder : on se sert de lessives caustiques de soude, plus ou moins concentrées, qu'on fait agir plus ou moins longtemps à des températures plus ou moins élevées, qui correspondent en vase clos à des pressions déterminées. Toutefois, pour l'halfa triennal, la cuisson dure 6 heures, à vapeur libre, dans une lessive caustique à 8 °/₀ du poids de l'halfa traité.

5° *Procédé anglais :* l'halfa est chargé, sans être coupé, dans des chaudières, ou lessiveurs cylindriques, fixes, verticaux et munis d'un couvercle intérieur perforé et mobile.

Le cylindre récepteur de l'halfa est surmonté d'un couvercle courbe et qui lui est fixé au moyen de boulons. Une porte de chargement *D* est pratiquée dans le couvercle ; la paroi latérale du cylindre reçoit la porte de vidange *E* à sa partie inférieure. Un tuyau principal G^2 amène la vapeur nécessaire au lessivage, par un autre tuyau passant par la soupape G^1 et le tuyau central *G*. Par des ouvertures ménagées dans le pied du tuyau *G* qui porte sur le fond du lessiveur, la vapeur pénètre dans le tube *F*, d'un plus grand diamètre, entourant le tuyau *G* fixé à un couvercle intérieur *C* et passe dans la rose F^1 qui termine le cylindre *F*. Cette rose, en en forme de cône, est perforée. La vapeur peut pénétrer dans la chaudière, soit par les ouvertures de ce cône, soit en remontant dans le tube annulaire *F*, jusque sous le couvercle *B*. Lorsque le lessiveur a reçu son chargement d'halfa et la lessive, celle-ci pénètre sous la rose F^1 par les trous, où elle vient en contact avec la vapeur et entre en ébullition. Elle monte dans le tube annulaire *F*, et le sparte lui fermant le chemin pour remonter autrement dans la chaudière, elle se répand par le couvercle perforé *C*, qui la déverse uniformément sur toute la surface de la matière. *(Voir Planche I.)*

Lorsqu'on emploie, comme on le fait généralement en Angleterre, de la soude caustique de commerce pour la lessive, on introduit la quantité voulue de cette soude dans la chaudière encore vide, et on ajoute l'eau en quantité nécessaire pour que l'halfa soit entièrement noyé pendant l'opération. Ce dernier point est très important, car la matière non couverte de lessive ne subirait qu'un lessivage très insuffisant.

Si l'on fait usage de soude régénérée ou de sel de soude, on la caustifie au préalable et on en charge la quantité nécessaire pour remplacer la soude caustique du commerce.

Après avoir porté cette lessive à l'ébullition par la vapeur, on introduit par la porte *D* et sa correspondante D^1 dans le disque perforé *C*, l'halfa qu'on répartit très également dans la chaudière, en le comprimant autant que possible pour bien remplir le lessiveur. On ferme les portes, et on maintient l'entrée de la vapeur d'une manière continue pour arriver à une pression effective d'environ une demi-atmosphère. La lessive monte dans l'annulaire *F*, se répand au travers des trous du disque perforé *C*, et reprend sa circulation.

La lessive bouillante ne monte pas en jet continu, mais bien par secousses, ce qui a fait donner en Angleterre le nom de *Vomiting boilers*, chaudières à projection, à ces lessiveurs.

Le disque intérieur C est mobile. Ses trous ont $0^m,025$ et la plus grande distance entre les surfaces B et C est d'environ $0^m,15$.

La vapeur pénètre par le bas, au moyen d'un branchement du tuyau B. G' est une soupape de sûreté.

Le tuyau G fixé au fond inférieur de la chaudière est disposé de façon à permettre au couvercle C de descendre assez profondément dans le cylindre ; mais afin qu'il reste dans tous les cas en communication avec la calotte sphérique $B C$, il est entouré librement d'un autre tuyau F qui est fixé au fond C, et par suite monte ou descend avec le couvercle. Quelle que soit la position du disque perforé, la liqueur bouillante est donc toujours répandue sur la masse. Le but du couvercle mobile est de comprimer l'herbe par son poids et d'en réduire le volume.

Après une demi-heure de lessivage d'un chargement ordinaire, on ajoute une nouvelle quantité d'halfa ; quelques minutes après, on peut ajouter une nouvelle dose.

Ce dispositif économise de 15 à 20 % de soude et dans le même temps, avec moins de liquide, lessive une plus grande quantité de matière brute. On n'a besoin que de 5 kilos de soude caustique pour traiter 42 kilos d'halfa, et l'on peut traiter à la fois 18 quintaux. Toutefois le lessivage comprimé dure 8, 12 et même 14 heures, tandis qu'en opérant sans compression, il ne faut au maximum que 8 heures.

Quant à la régénération de la soude, on l'obtient simplement en évaporant la moitié de l'eau.

Par ce traitement, les extrémités dures du sparte sont complètement réduites. La matière brute restant immobile sous la pression du couvercle ne se déforme pas et conséquemment donne moins de déchet au lavage. Néanmoins, comme la lessive est plus concentrée qu'à l'ordinaire et que dans la même quantité de liquide il se trouve plus de matières extractives, l'halfa lessivé dans ces conditions est un peu plus chargé et demande un plus long lavage.

6° *Procédé aux lessiveurs rotatifs :* Le mouvement de rotation du lessiveur produit un frottement qui réduit les fibres et amène par suite un déchet. Le lessivage en chaudière fixe est donc toujours préférable, quand on peut s'en servir sans employer une plus grande quantité de soude. De plus, les fibres ont l'inconvénient de se rouler en petites boules par suite du mouvement du lessiveur et ne peuvent être que difficilement aplaties de nouveau. Toutes ces petites boules ne pouvant passer à l'épurateur, ni se feutrer, donnent lieu à autant de déchets. Une très haute température ou, ce qui en pratique revient au même, une haute pression, favorise aussi la formation de ces boules.

En tout cas, il ne faut pas dépasser six tours à l'heure et alors 8 $\%$ de soude (Na O) ou 5 kilos de soude caustique à 60 $\%$ suffisent par 50 kilos d'halfa.

7° *Procédé Th. Routledge :* M. Thomas Routledge, directeur du Ford Paper Works, près Sunderland, est généralement reconnu comme le créateur et le vulgarisateur de la fabrication du papier d'halfa.

Sa fabrique produit, non seulement du papier, mais aussi de la pâte d'halfa pour la vente.

Il résulte de ses observations, qu'après le traitement des fibres, les liqueurs contiennent encore une grande quantité de soude caustique non combinée ; que l'halfa lessivé n'est jamais débarrassé complètement de l'alcali par le lavage, comme celui-ci se fait ordinairement, et que le chlore du liquide décolorant n'est jamais tout à fait épuisé.

M. Routledge pensa dès-lors qu'un seul lavage, lessivage et blanchiment, faits rapidement, n'étaient pas suffisants, et qu'il était nécessaire d'appliquer à ces opérations le principe méthodique du contre-courant.

L'halfa frais devait d'abord être traité par la lessive presque épuisée venant d'un lessiveur précédent, pendant que les premières lessives plus concentrées devaient servir au traitement de l'halfa déjà attaqué. Il mit donc, un certain nombre de chaudières en fer, de construction ordinaire, en communication l'une avec l'autre, de façon que la lessive après avoir bouilli pendant deux heures avec l'halfa dans l'une de ces chaudières, était conduite dans l'autre où elle agissait de même et faisait ainsi peu à peu tout le tour de cette chaîne de chaudières, à l'exception de celles, qui, à un moment donné, devaient être ou remplies ou vidées.

Comme les chaudières n'ont pas de pression à supporter, elles peuvent être construites en tôle légère ; elles ont un faux fond à jour, un tuyau de communication, mais pas de dispositif pour répandre la lessive bouillante. Elles sont fermées librement au moyen de couvercles plats en tôle de fer. Un tuyau de vapeur entre par le double fond et la conduit directement dans le liquide; mais il est préférable d'employer un serpentin dans lequel circule la vapeur et duquel l'eau de condensation retourne à la chaudière à vapeur. On évite ainsi l'affaiblissement de la lessive par l'eau de condensation.

Le long de la rangée de chaudières, près du bord supérieur, se trouve un canal en communication, par des branchements, avec chaque lessiveur. Ce canal est relié avec les fonds des chaudières par des tuyaux à soupapes, fermées pendant le lessivage. Les tiroirs du canal principal et des branchements restent également fermés pendant l'opération.

Pendant le déplacement des liquides, les vannes K^1 et C^2, par exemple, sont ouvertes et le récipient 2 se remplit. Quand une chaudière doit être vidée, on la sépare de la chaîne en fermant les vannes K, C^1 et en ouvrant la vanne C^2. Quand la lessive est restée le temps nécessaire dans la chaudière 1, elle doit, sans autre interruption du lessivage que la fermeture du robinet de vapeur, remplacer par déplacement le liquide du lessiveur 2. Par le tuyau D^1 et la soupape K^1, elle monte dans le canal B et se déverse sur la masse halfatière dans la chaudière 2 au moyen du canal E^2. Comme la différence de niveau des liquides dans les diverses chaudières ne suffisait pas pour produire leur écoulement simultané de l'une à l'autre, M. T. Routledge a dû ajouter un tuyau de vapeur f à chaque tuyau vertical de déversement D. Lorsque la lessive d'une chaudière doit se rendre dans la suivante, on laisse pénétrer de la vapeur par f dans le liquide arrivé en D; celui-ci entre en ébullition, monte dans les tuyaux et peut ainsi arriver dans le canal B et se jeter dans la chaudière voisine. Le déplacement s'opère avec une assez grande uniformité pour que les deux courants d'entrée et de sortie se déplacent l'un l'autre sans se mêler sensiblement. Après avoir fait le tour de la chaîne, la lessive doit être complètement saponifiée et ne plus contenir de soude caustique libre. Une chaîne de vingt chaudières nécessite deux heures de lessivage pour épuiser complètement le liquide. *(Voir Planche II.)*

Le lavage qui, ainsi que nous le dirons plus loin, a lieu après la lessive, se fait dans le procédé Routledge, dans les mêmes récipients. L'eau suit immédiatement la lessive. La lessive fraîche ayant servi au traitement final de l'halfa est déplacée par l'eau de lavage qui a déjà traversé plusieurs autres chaudières. Les lavages doivent se continuer jusqu'à ce que l'analyse n'indique plus de traces d'alcali dans l'halfa ; cependant, pour une épreuve superficielle, les papiers à réactifs suffisent, surtout le papier de curcuma jaune, qui, humecté par la matière, prend une teinte brune assez prononcée, aussi longtemps qu'il y a encore de l'alcali.[1]

M. Routledge a trouvé que, six lavages étaient nécessaires, c'est-à-dire que l'halfa entièrement lessivé doit être d'abord traité par l'eau qui a traversé cinq autres chaudières, puis par celle ayant passé par 4, par 3, par 2 et 1 chaudière, jusqu'à ce qu'à la fin il subisse un dernier lavage à l'eau claire. Alors la matière peut passer au blanchiment.

M. Routledge affirme que, par son procédé, il a réussi à n'employer que 5 % de soude normale, soit 3 kilos 730 grammes de sel de soude à 50 % pour 37 kilos d'halfa.

Les végétaux traités de cette façon, c'est-à-dire sans aucun mouvement, n'éprouvent aucune perte appréciable de fibres, car même à l'état blanchi, ils conservent encore la forme primitive de brins ou feuilles.

En somme, c'est un véritable rouissage accéléré par la lessive, la fermentation et l'emploi de vapeur à haute température. Un immersion prolongée des matières végétales dans un liquide alcalin produisant la fermentation, ce procédé est surtout applicable au traitement des végétaux qui contiennent une grande quantité de matières amylacées ou résineuses.

8° *Procédé Blake* : On traite les matières textiles par des lessivages multipliés dans des solutions alcalines qui ne marquent que 2° Beaumé. On charge l'halfa dans des caisses ou tonneaux suspendus à un cadre d'immersion animé d'un mouvement de descente et d'ascension qui permet de plonger puis d'égoutter alternativement la matière à traiter. Le liquide en contact avec les fibres se trouve ainsi continuellement renouvelé et possède plus de mordant. Il y a une économie de soude et de temps. L'ébullition ne dure que quatre heures. La matière est ensuite lavée à l'eau froide, puis passée au laminoir avant d'aller au blanchiment.

9° *Procédé au sulfite* : On fait bouillir, pendant trois heures, sous la pression de deux atmosphères, l'halfa dans une solution de sulfite de chaux. La matière incrustante est suffisamment dissoute. On passe ensuite l'halfa lessivé sous des meules, au broyeur ou à la pile, et on obtient ainsi une pulpe qui se blanchit très facilement.

La cherté du charbon, en Algérie, doit attirer l'attention sur les procédés suivants de lessivage ou de rouissage n'exigeant pas de combustible, et dont certains n'emploient que les matières chimiques produites sur les lieux mêmes.

10° *Procédé Buchvalder :* Macération de vingt-quatre heures dans un bain de chaux ou alcalin. On sait que la chaux se dissout mieux à froid qu'à chaud.

11° *Procédé de lessivage. Méthode Vessier* (brevet du 29 septembre 1884, N° 164.521).

Dans cette méthode, l'halfa est introduit dans un cylindre *A*, muni d'un axe vertical *B*, armé de bras horizontaux alternants et respectivement correspondant à des bras similaires faisant corps avec le cylindre. Une force hydraulique quelconque met en action l'appareil et brasse durant huit heures au maximum l'halfa au milieu d'une dissolution de soude caustique pesant 25° à l'aréomètre Beaumé.

Préalablement, l'halfa a été broyé en long à la meule cannelée et la pâte est raffinée avant le lavage. Le lavage se fait dans le même appareil où on lave 200 kilos à l'heure, puis on blanchit. L'opération totale dure dix heures.

L'auteur du procédé affirme un rendement supérieur de 15 °/₀ et même de 21 °/₀ à celui des autres méthodes.

Il supprime le charbon, la main d'œuvre y relative, le triage, la cherté des appareils. Il annonce un produit supérieur, d'un blanc parfait, et arrive à produire la pâte blanche raffinée au prix de 30 fr. 50 le quintal pour les excellents halfas, et à 38 fr. pour les inférieurs.

Or, le prix de revient de ce quintal égale 53 fr. 50 c. en Angleterre et 65 fr. 50 en France, ce dernier chiffre étant décomposé comme il suit :

220 kil. halfa, revenant à 20 fr. les 100 kil., après triages et déchets.	44 fr. —
100 kil. charbon à 20 fr. la tonne.	8 — —
25 kil. soude caustique à 30 fr. les 100 kil. . .	7 — 50
30 kil. chlorure de chaux.	6 — —
Total :	65 fr. 50

L'avantage serait d'autant plus sérieux que : 1° on trouve en Algérie, sur les halfatières, des forces hydrauliques de 5 à 6 chevaux suffisantes pour cet appareil, qui produit par vingt-quatre heures, une tonne de pâte blanche, raffinée et sèche ;

2° Que le prix du matériel exige à peine 5,000 fr., soit :

Deux bacs de 6^{m3}, construits en briques et ciment, doublés en zinc, outillés et aménagés pour la récupération des produits chimiques par voie humide . . . . 1.250 fr.

Deux laveuses, blanchisseuses spéciales, dans lesquelles se font successivement, sans en retirer les matières à traiter, le lavage, le blanchissage, le rinçage des pâtes raffinées et disposées pour la récupération des produits chimiques . . . 1.250 —

Une paire de meules verticales. . . . , ... 2.500 —

Total : 5.000 fr.

3° Que l'halfa rendant 50 °/$_0$ de cellulose, on économise, par suite, la moitié du prix de transport.

Ce procédé présente un inconvénient sérieux : le broiement de la matière, la formation des boules et, quoi qu'on en dise, les déchets, considération cependant secondaire puisqu'on traite sur les lieux.

12° *Procédé de lessivage à froid. Méthode Ubertin* (brevet du 31 août 1885, N° 170,978) : Ce procédé n'emploie pas de combustibles et, en fait de réactifs chimiques, il utilise ceux qu'on trouve sur les lieux mêmes, à bon marché, en Algérie.

A cet effet, à l'aide d'un triturateur quelconque, on brasse la pâte dans la lessive suivante :

	Parties.
Eau . . . . , ...	94 16
Sel marin . . . . , . . , . , ...	3 57
Hydrate de chaux grasse pulvérulent (chaux éteinte). . .	2 27
Total :	100 00

On brasse d'abord l'hydrate de chaux dans l'eau, puis on y ajoute le chlorure de sodium et on brasse jusqu'à dissolution complète, après quoi on triture l'halfa.

13° *Procédé mixte de l'auteur.* L'auteur de cette monographie, estime qu'on pourrait :

a. D'une part, utiliser l'accélération résultant de l'oxydation déterminée

9

par l'immersion et l'émersion successives et répétées des feuilles d'halfa dans le liquide lessiveur ;

b. Recueillir la chaleur solaire pour élever la température de la lessive ;

c. Combiner ces deux actions avec les effets d'un courant électrique décomposant la lessive et produisant des oxydants à l'état naissant, au moyen d'un dynamo-électrique actionné par une force hydraulique.

14° *Procédés de rouissage* (1) : La désagrégation par rouissage prend le nom de *pourrissage* quand on traite les chiffons.

Le rouissage naturel comporte vingt-huit jours d'immersion dans l'eau stagnante ; il entraîne des émanations pestilentielles ; les filaments résultants sont grossiers et susceptibles de fournir seulement une pâte médiocre ; déchet, 40 %.

15° *Rouissage à l'eau de chaux froide :* Durée, vingt-un jours ; — émanations puantes ; — filaments demi grossiers ; — déchet, 40 %.

16° *Rouissage chimique. Procédé Jus :* L'halfa est vert ou sec ; — durée, 15 à 25 minutes ; — déchet, 30 % ; — fibres de longueur, 30 % ; — étoupes, 40 % ; — fibres longues, souples, de diamètre régulier ; — jaunâtre-clair ; — pouvant être filées au fuseau pour cordages, sparteries, etc.; — ne craignent plus la fermentation.

17° *Rouissage expédié. Méthode Jus :* En cinq minutes, dégommage de l'halfa sans combustible ni agent chimique ; extraction du parenchyme résinoïde qui lui donne sa rigidité. Ce parenchyme résinoïde entre pour 10 % dans la composition de la feuille ; le déchet égale 20 %, soit 10 % de résinoïde et 10 % de matières inutiles et de dessiccation.

18° *Désagrégation mécanique :* L'effilochage au moyen des machines spéciales à cylindres broyeurs peut également débarrasser les feuilles de la gomme et des matières qui soudent les faisceaux vasculaires. A cet effet, on n'a qu'à battre ou cylindrer les tiges pour écraser les portions ligneuses et les désagréger ; cela fait, on lave à l'eau pure, puis on flagelle à deux ou trois reprises en lavant chaque fois, et on obtient la tige désagrégée presque pure ou à peu près blanche.

Le fameux papier japonais, fait avec les écorces du koru ou du

(1) Le rouissage dans l'eau de mer rend l'halfa plus nerveux et plus fort; celui dans l'eau douce, donne aux fibres plus de flexibilité, les divise mieux, mais leur fait perdre de la force.

Mitsuma, n'est pas obtenu autrement que par des lavages et des battages répétés, à l'aide de bambous actionnés à la main.

Le rouissage ne donne pas une désagrégation meilleure. Il exige plus de temps, colore les fibres en gris-jaunâtre ou en fauve très tenace ; il diminue la résistance et la solidité des tubes fibreux, attaque les substances qui agglutinent les tubes à leurs extrémités aussi bien que la gomme qui les réunit dans le sens longitudinal. En somme, la force hydraulique existant, on peut opérer mécaniquement avec avantage, et au besoin compléter l'opération par le traitement, par l'électrolyse selon le principe de M. E. Hermite, plus loin développé.

Rafraichissage. — L'halfa lessivé doit être séparé de la lessive à l'état encore chaud. A cet effet, il est transporté dans de petits wagons et essoré par des presses mécaniques. La lessive qui en découle, additionnée de 5 kilos de soude caustique par 42 kilos de matière, est employée à un nouveau lessivage. Ce nouvel emploi dure autant que la lessive ne prend pas une teinte foncée indiquant qu'elle est chargée de matières incrustantes.

Essorage et Nettoyage. — Toutefois, avant d'être essoré, l'halfa aussitôt lessivé est immédiatement lavé dans la même chaudière à l'eau chaude, puis une seconde fois à l'eau froide. C'est alors qu'il est chargé sur de petits wagonets qui le conduisent dans la salle d'essorage, puis dans celle de triage où les ouvrières le débarrassent des impuretés qu'il contient. Ce deuxième triage donne d'excellents résultats et sépare de l'halfa lessivé les matières qui y adhéraient et qui étaient à peine visibles avant le lessivage.

Lavage. — L'halfa arrive alors aux piles laveuses, où il est mis en mouvement dans l'eau courante. Des ouvrières continuent d'extraire toutes les impuretés circulant dans toutes les piles.

Ces piles laveuses n'ont ni platines, ni cylindres, afin de ne pas défibrer encore le textile, mais seulement des palettes en bois pour faire circuler la matière. Elles sont munies de faux fonds perforés ou bien de tambours laveurs.

C'est en sortant des laveuses, et après avoir subi le défibrage, que l'halfa est généralement envoyé aux piles blanchisseuses, à moins que l'opération, ce qui est préférable, ne se fasse dans la même pile.

Egouttage, Séchage. — Certains fabricants font égoutter l'halfa après le lavage, et même le font dessécher à l'étuve.

Défibrage, Défilage ou Trituration. — L'halfa lessivé et lavé conserve assez de ténacité pour être défilé en étoupes longues. Cette trituration se fait en cuve, au moyen d'un cylindre armé de lames.

Blanchiment. — Le lessivage a fait dissoudre les matières grasses azotées et incrustantes ; il a rendu plus attaquables les substances colorantes, qu'il faut maintenant détruire par une sorte de combustion humide. Ces matières colorantes sont solubles sous l'influence combinée du chlore, des caustiques et communiquent aux eaux du lavage une teinte de sang.

La décoloration, le blanchiment, ou en un mot l'extraction des substances étrangères qui sont encore entremêlées dans la cellulose, peut se faire soit à l'aide de l'action gazeuse du chlore, soit par la voie humide d'une dissolution d'hypochlorite de chaux.

La réaction en présence de l'eau est celle-ci : $Cl + HO = HCl + O$.

L'oxygène à l'état naissant détruit toute combinaison ayant de l'hydrogène ou susceptible de suroxydation. Par suite, les couleurs d'origine organique, qui sont composées de carbone, oxygène, hydrogène, sont décomposées, solubilisées, décolorées, parce que l'oxygène à l'état naissant s'empare de leur hydrogène.

Souvent on commence l'opération par le chlore gazeux et on termine par l'immersion dans le chlore liquide. Le blanchiment au chlore liquide est dû à la réaction suivante :

$$CaO, Clo + Ho = CaCl + HO + O^2.$$

L'opération se fait dans des caisses spéciales, qu'on a avantage à garnir intérieurement en verre, afin d'éviter l'usure par le chlore. Généralement elles doivent contenir juste 1045 kil. d'halfa, car la matière blanchie n'est pas vendue au poids net de pâte blanchie, mais à la tonne de matière brute traitée, c'est-à-dire que le produit d'une tonne d'halfa brut coûte un prix déterminé.

Le chlorure de chaux est totalement utilisé quand il ne colore plus l'amidon à l'iodure de potassium.

Il faut de vingt-quatre à trente heures pour le blanchiment.

On peut l'obtenir en six heures, avec addition d'acide sulfurique étendu trois ou quatre fois son volume d'eau, ce qui permet le dégagement de chlore à l'état naissant.

Le chlorure de chaux nécessaire au blanchiment est de 10 %; 10 kil. pour 100 kil. d'halfa.

Les fabricants anglais emploient rarement de l'acide sulfurique pour le blanchiment; mais, par contre, la pâte d'halfa est généralement chauffée dans les blanchisseuses par une introduction directe de vapeur, à la température d'environ 55°. Il ne faut pas dépasser cette température, sans quoi on risquerait de carboniser les fibres.

Blanchiment électro-chimique. Procédé E. Hermite.

L'emploi du chlore, tout avantageux qu'il puisse être, a le grand défaut d'attaquer les tissus.

M. E. Hermite use d'un autre procédé aussi économique que pratique, utilisable sans frais de combustible, pourvu qu'on ait la force motrice, c'est-à-dire convenant parfaitement à la situation particulière de l'industrie algérienne.

La méthode est fondée sur une réaction chimique que M. Hermite a découverte par l'électrolyse du chlorure de magnésium. Ce chlorure, en solution aqueuse, est soumis à l'influence d'un courant électrique. On électrolyse le chlorure de magnésium avec des électrodes insolubles.

Ce qu'il y a de particulièrement intéressant dans ce procédé, c'est qu'on n'use aucune substance et qu'on retrouve en totalité le cholure de magnésium, car ce chlorure se trouve régénéré automatiquement. Le courant décomposant l'eau, on ne dépense en somme que de l'électricité.

La substance à blanchir est plongée dans un bain de chlorure de magnésium. Ce bain pèse environ 16° Beaumé, ce qui correspond à la solution dont la résistance électrique est minima à la température de 30° environ, température à laquelle on opère habituellement. Cependant on peut aussi bien opérer à la température ordinaire, la différence consistant en ce fait, que la solution de chlorure de magnésium, comme d'ailleurs toutes les solutions salines, conduit l'électricité mieux à chaud qu'à froid.

Voici l'explication textuelle de M. Hermite:

« En électrolysant les sels alcalino-terreux, nous avons été de suite frappés par une réaction qui prend naissance quand on opère dans des conditions favorables.

» Soumis à l'action du courant électrique, deux équivalents de chlorure

de magnésium sont décomposés en même temps que l'eau ; le magnésium
se porte au pôle négatif, décompose l'eau pour s'oxyder et former de la
magnésie, tandis que l'hydrogène se dégage avec celui de la décomposition de l'eau.

» Le chlore se porte au pôle positif où il s'oxyde avec l'oxygène de l'eau
décomposée, pour former de l'acide hypochlorite ; mais cet acide, en
présence d'une base, la magnésie, se dédouble immédiatement en acide
chloreux et en acide chlorique, qui se combinent avec la magnésie libre,
pour former du chlorite ou du chlorate de magnésie, lesquels sont décomposés par le courant avant le chlorure de magnésium restant au bain,
leur chaleur de combinaison étant moins élevée que celle de ce dernier
sel.

» Le magnésium se porte de nouveau au pôle négatif et s'oxyde en
décomposant l'eau, tandis que les acides chloreux et chlorique sont mis
en liberté, et s'ils sont en présence d'une matière organique, lui cèdent
leur oxygène pour former de l'acide chlorhydrique qui se combine avec
la magnésie en liberté, pour régénérer le chlorure de magnésium primitif.

» On obtient ainsi un cycle complet dans lequel le chlore sert simplement de véhicule pour fixer de l'oxygène, emprunté à l'eau, sur la matière
organique.

» On peut représenter cette réaction par la formule suivante :

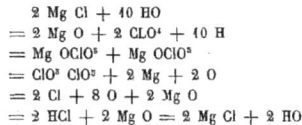

$$2 \text{ Mg Cl} + 10 \text{ HO}$$
$$= 2 \text{ Mg O} + 2 \text{ ClO}^4 + 10 \text{ H}$$
$$= \text{Mg OClO}^2 + \text{Mg OClO}^3$$
$$= \text{ClO}^3 \text{ ClO}^3 + 2 \text{ Mg} + 2 \text{ O}$$
$$= 2 \text{ Cl} + 8 \text{ O} + 2 \text{ Mg O}$$
$$= 2 \text{ HCl} + 2 \text{ Mg O} = 2 \text{ Mg Cl} + 2 \text{ HO}$$

» On voit donc que l'utilisation du courant électrique comme agent
décolorant est absolument rationnelle, sans qu'il y ait perte sensible de
la substance active ; le chlorure de magnésium se retrouvant presque
intégralement après l'opération.

» Quelle est la quantité d'électricité nécessaire pour obtenir un effet
de décoloration donné ? La solution de ce problème permettra d'établir
une comparaison entre le blanchiment à l'aide du chlore et le blanchiment par l'électricité.

» Lorsqu'on électrolyse une solution de chlorure de magnésium dans le but de décolorer une substance tinctoriale, on constate qu'il faut un certain temps, et par conséquent une certaine quantité d'électricité pour amener les premiers effets de décoloration. Cela tient probablement à un travail qui s'accomplit dans l'intérieur de l'électrolyte; mais on conçoit qu'il est difficile de mettre bien en évidence la réaction exacte. Toutefois, le fait se vérifie d'une manière constante; aussi, s'il faut une certaine quantité d'électricité pour décolorer un volume donné de la substance à décolorer, il ne faut pas une quantité double d'électricité pour décolorer un volume double.

Une autre cause qui paraît avoir une influence manifeste, c'est l'agitation des électrodes; en communiquant aux électrodes une agitation continuelle, on constate qu'il faut toujours bien moins d'électricité, pour amener un effet de décoloration donnée, que lorsque les électrodes restent immobiles. Il est évident qu'on obtiendrait le même effet par la circulation des liquides.

L'influence de la densité du courant ou de la distance des électrodes, de leur surface, etc., ne sont pas vraisemblablement sans exercer une certaine action.

Les expériences semblent prouver que le pouvoir décolorant d'un courant d'un ampère, pendant une heure (soit 3600 coulombs — l'ampère-heure déposant 1 gram. 18 de cuivre) équivaut en moyenne au pouvoir décolorant de 1 lit. 50 de chlore gazeux. Ce chiffre est un minimum. Ce nombre 1',50 nous l'adoptons comme l'équivalent moyen de l'ampère-heure.

Prenons une force électro-motrice de 3 volts.

Dans ces conditions, comme 1 ampère-heure, avec une force électro-motrice de 3 volts (c'est-à-dire 3 watts) expression de l'énergie en kilo correspond à 1 lit. 5 de chlore, un cheval-vapeur pendant une heure, ou environ 750 watts, seront équivalents à 1 lit. 5 × 250 = 375 litres de chlore et 20 chevaux à 375 × 20 = 7500 litres; et si la machine travaille dix heures, on aura un effet équivalent à 75000 litres de chlore.

D'un autre côté, pour obtenir 75000 litres de chlore avec un chlorure de chaux marquant 110° chlorométriques, c'est-à-dire pouvant dégager 110 litres de chlore par kilo, il faudrait 75000/110 = 680 kilogrammes de chlorure de chaux.

L'avantage du procédé paraît donc incontestable.

Les bacs à blanchiment sont en maçonnerie rendue étanche ; ils sont séparés par des murs et reçoivent une solution de chlorure de magnésium à 16° Beaumé.

L'anode des électrodes est formée d'une mince lame de platine encastrée dans un cadre de bois ; la prise de contact se fait à l'aide de barres de cuivre soudées à la plaque de platine. Pour prolonger la soudure et assurer l'isolement on noie la soudure dans une gaine de soufre.

La cathode est formée par une lame de zinc.

On doit par intervalles, intervertir le courant pour éviter les polarisations, détacher le dépôt de magnésie qui aurait pu se faire sur le zinc.

La matière à blanchir est soumise à un mouvement d'immersion et d'émersion. Le déchet atteint la demie de celui encouru par les autres procédés ; et l'économie totale oscille entre 60 °/$_0$ et 25 °/$_0$.

Procédé Naudin-Schneider. — Les corps chimiques à l'état naissant possèdent des affinités énergiques. Ces propriétés ont été appliquées au blanchiment des fibres végétales et animales ; à cet effet, on met celles-ci en contact avec des oxydes et des chlorures que l'on soumet à l'électrolyse, ce qui permet le dégagement à l'état naissant de l'oxygène et du chlore.

La matière colorante des substances textiles végétales, n'étant complètement détruite que par l'action combinée de l'oxygène et du chlore, si on plonge dans un récipient contenant les agents décolorants (eau et hypochlorites, eau et chlorures, eau et iodures, eau et bromures), les matières textiles et qu'on fasse convenablement aboutir les électrodes d'un générateur électrique suffisamment puissant, il y aura dégagement de chlore, de brome ou d'iode à l'état naissant et par suite oxydation ou décoloration de la substance par ces gaz.

Les fibres immergées dans la solution qu'on électrolyse doivent y rester un temps déterminé pour chaque espèce, après quoi elles sont lavées, rincées et séchées.

Remarquons toutefois que pour le blanchiment des fibres, il est préférable d'opérer par synthèse, c'est-à-dire de composer directement un hypochlorite alcalin, par exemple, en empruntant tous ses éléments au chlorure métallique lui-même et à l'eau au moyen de laquelle cette transformation doit s'effectuer, que d'ameuer le métal à l'état d'oxyde en présence de l'eau.

L'appareil de MM. Naudin et Schneider, de Paris, réalise simplement et pratiquement cette synthèse. (*Voir planche IV*).

Il se compose d'un électrolysateur A hermétiquement fermé.

Les électrodes EF, d'un générateur électrique quelconque M, pénètrent dans la partie inférieure, T est un tube de sûreté, D est un conduit déversoir dans la cuve C; P est la pompe aspirante de la cuve et refoulante par les tuyaux GH, vers la partie inférieure de A.

La cuve C contient la matière à décolorer. On la remplit ainsi que A d'une solution de chlorure de sodium. En A, cette solution est soumise au courant électrique et par suite de la décomposition chimique du chlorure et de l'eau, les éléments à l'état naissant constituent l'hypochlorite de soude. Lorsque la transformation partielle ou totale de la liqueur est effectuée, la pompe C amène en A du chlorure de sodium. L'hypochlorite formé passe par D et se répand en C sur le textile.

Le tube T permet l'échappement de l'hydrogène et fixe le chlore par une solution alcaline contenue dans B.

Ce blanchiment électrique permet l'immédiate application sur la matière d'un chlorure décolorant et met en main une solution fraîche d'hypochlorite, dont on connaît la puissance.

On peut employer indifféremment : les chlorures de potassium ou de barium; les bromures de strontium ou de calcium; les iodures d'aluminium ou de magnesium.

L'eau de mer, renfermant divers chlorures, peut servir directement de matière première au blanchiment des fibres textiles. En outre, la solution de soude caustique qui reste lorsque la solution de chlorure de sodium a été privée de son chlore, peut être utilisée pour le dégommage et le dégraissage des fibres.

Neutralisation. — La pâte étant blanchie, il faut préalablement éliminer toute trace de chlore qui pourrait donner au produit une teinte jaunâtre ou brunâtre. A cet effet, on se sert d'un neutralisant, l'antichlore, hyposulfite de soude et de lavages abondants.

Egouttage. — Après quoi, on l'égoutte, soit naturellement, soit en activant l'opération par l'action de presses hydrauliques qui extraient les eaux de blanchiment.

10

Raffinage. — La pâte d'halfa blanchie, neutralisée, essorée, est alors soumise au raffinage, soit seule, soit avec les autres matières qu'on lui additionne pour confectionner le papier.

Le raffinage est l'opération déterminante de la fabrication, car selon les diverses fibres qu'on aura mélangées, selon l'homogénéité qu'on aura donnée à la pâte, les qualités du papier varieront.

Cette dernière trituration doit être très soignée ; les matières doivent être réduites en pulpes très homogènes, les fibres étendues dans leur longueur, évitant soigneusement leur enroulement en boules.

Il faut environ trois heures pour triturer dans les piles raffineuses la pâte (dite encore demi-pâte ou défilé) et la transformer en pâte raffinée. La pâte raffinée se compose, selon qu'elle a été triturée plus ou moins longtemps, de fibres de 3/10 à 15/10 de millimètre. La longueur des fibres végétales étant toujours au moins égale à cette mesure, toutes ces fibres sont assez longues pour fournir du papier. Mais il est très important que la fibre soit allongée et très mince par rapport à sa longueur. Ce rapport dans la fibre recoupée à la raffineuse doit être de 50 au minimum.

Coloration. — La coloration s'effectue pendant la trituration ; c'est aussi à cette période qu'on ajoute diverses matières minérales : kaolin, china-clay, chaux, annoline, pearl hardening, blanc fixe, baryte, blanc de zinc.

Collage. — Le collage (quand il n'est pas fait à la main) se fait en introduisant dans la pâte à demi-raffinée les proportions nécessaires de matières (savon d'alumine, savon résineux, colle animale, gélatine) destinées à remplir les pores et à permettre l'écriture. Le collage oblige toutes les petites fibres drues à se coller entre elles et à adhérer au corps du papier, dont l'intérieur est alors de texture compacte et l'extérieur, une surface lisse, non absorbante.

Le papier non collé sert à faire le papier buvard, à filtrer ou pour l'impression en taille douce.

EXTENSION DE LA PATE EN FEUILLES.

La pâte étant complètement raffinée est amenée dans des cuviers munis d'agitateurs qui la tiennent en mouvement.

Aspiration, Feuilletage, Feutrage, Séchage, Calandrage, Enroulage. — A l'aide de pompes, elle est amenée à la machine à papier, étendue sur une toile en fil de laiton, pressée, placée sur un feutre, évaporée, séchée, calandrée (c'est-à-dire telle que les fibres sont resserrées et celles en saillie, abattues) et enfin enroulée, prête à livrer.

Rendement utile des diverses Matières premières.

NOM DES MATIÈRES.	POUR CENT EN	
	PAPIER.	CELLULOSE non compris déchets de blanchim¹.
Vieux papier	90	
Batiste blanche	69	
Coton blanc.	69	
Jute	65	
Toile blanche propre sans coutures.	64	
Id. forte.	64	
Id. sale	64	
Coton gris.	62	
Toile bleu clair	59	
Coton couleur claire.	58	
Toile fine grise sans coutures . . .	57	
Id. forte *Id.* . . .	57	
Toile bleue propre forte	54	
Toile de couleur.	53	
Toile blanche tendre.	53	
Lavettes blanches.	53	
Toile foncée.	52	56 (M. Jus dit 65 , M. Renouard 72).
Halfa	50	
Toiles d'emballage communes . . .	49	
Bons emballages et sacs fins. . . .	47	
Bonnes cordes et filets	44	
Paille.	42	50
Toile grise forte et grosse.	40	
Droguets et demi-laine.	34	
Bon déchet, chaine coton	34	
Bois chimique	30	La production étant de 25 à 40 p. °/₀ plus couteuse que la fabrication avec la paille.

M. Jus, ingénieur, directeur de la Compagnie agricole et industrielle de Batna, donne les résultats suivants sous le rapport du rendement de l'halfa :

NATURE de la désagrégation.	FIBRES ET ÉTOUPES OBTENUES PAR 100 KILOS DE MATIÈRE SÉCHE			PATE A PAPIER OBTENUE PAR 100 KILOS DE MATIÈRE SÉCHE			
	Fibres de longueur	Étoupes.	Déchet.	Pâte brute.		Pâte blanchie.	
				Déchet.	Rendem.t en pâte	Déchet.	Rendem.t en pâte.
Halfa roui à l'eau stagnante, 28 jours..	20	40	40				
Halfa roui à l'eau de chaux, 21 jours.	28	38	40				
Halfa roui à la vapeur en 48 heures..	30	40	30	33	67	35	65
Halfa roui, procédé Jus..........	30	40	30	33	67	35	65
Lygée aparts.	30	40	30	33	67	36	64

Utilisations diverses de la pâte à papier et indirectement de l'Halfa.

C'est d'Amérique que nous viennent les applications aussi ingénieuses qu'utiles de la pâte à papier. *A priori*, on conçoit qu'on pourra employer cette matière première partout où l'on emploie le bois, et cela avec économie, car il ne s'agira plus pour lui donner les formes voulues que de mouler sous pression au lieu de tourner et d'ouvrer.

Poulies en papier (*Système Martindale d'Indianopolis*). — Le moyeu de cette poulie est constitué par une douille ou manchon en fonte, muni extérieurement, au milieu de sa longueur, d'un collet saillant sur lequel vient s'emmancher le disque en papier qui remplace le bras de la poulie. Le disque est serré par des boulons, entre deux rondelles en fer plat, placées de chaque côté du collet.

Dans l'un des systèmes imaginés par M. Martindale, la jante est en fer ou en fonte et elle est rapportée sur le disque en papier. L'assemblage entre le disque et la jante se fait au moyen de deux cercles en cornière et par rivure.

Dans le second système, le disque est façonné au diamètre que doit avoir la poulie, de manière à former par son épaisseur une partie de la jante. Pour compléter la jante, on ajoute de part et d'autre du disque des cercles en papier, puis extérieurement un cercle en fer plat et on rive le tout.

Enfin, dans le troisième système, le moyeu seul est métallique. La jante est d'une seule pièce avec le disque.

Ces poulies coûtent moins cher que celles en bois ou en métal. Elles sont moins cassantes qu'en fonte, moins déformables qu'en bois, plus légères ; elles nécessitent une moins grande tension de courroie, le glissement de celle-ci sur la jante en papier n'ayant jamais lieu.

Toitures en papier. — On plonge du papier suffisamment fort dans un mélange bouillant composé de 3/4 goudron 1/4 poix.

Les feuilles ainsi préparées sont mises en place, puis recouvertes de cette mixture mélangée à du charbon de bois, de la chaux pulvérisée, du sable et de la poussière de forge. Ce mélange forme une pâte protectrice et incombustible.

Ces toitures sont fort pratiques pour les expéditions lointaines. Pour rendre ces papiers imperméables et lumineux, on ajoute dans la pâte la composition suivante :

Eau.	10 parties	
Pâte à papier.	40 —	
Gélatine.	1 —	
Bichromate de potasse. .	1 —	
Poudre phosphorescente.	10 —	} composée de sulfures de calcium, de baryum ou de strontium.

Pour les rendre incombustibles, on les imprègne de la solution suivante, qui est telle que, soumises à un feu violent, elles se carbonisent sans flamme :

Protochlorure de manganèse.	33	
Acide phosphorique.	20	
Borate de soude. . . . . , ...	10	100
Carbonate, sulfate ou chlorure de magnésie. . . .	12	
Chlorure d'ammoniaque ou sulfate de magnésie. .	25	

Rouages de montre. — Les rouages en papier sont d'une construction très facile ; cette matière étant moins sujette aux influences atmosphériques et aux changements de climature présente de sérieux avantages.

CAISSES DE VOITURES, OBJETS DÉCORATIFS, MOULURES, PORTES, CLOISONS, PLANCHERS. — Ces divers objets sont fabriqués économiquement à la matrice. La pâte est soumise à la pression, puis séchée, et on a ainsi des objets très solides et de la forme voulue.

CANOTS EN PAPIER. — On en a construit pouvant transporter vingt-cinq personnes. Les bordages en papier sont impénétrables à la balle.

LE LINGE EN PAPIER (cols, manchettes, chemises) est depuis longtemps utilisé. En Hollande, on use régulièrement de serviettes de table en papier; leur prix égale 2 centimes.

VITRAUX D'ÉGLISE. — Le papier est, à cet effet, traité à l'acide sulfurique, puis à l'alcool et au camphre. On obtient ainsi un produit appelé *xylonite*, qui est transparent et à la fois plus flexible et moins fragile que la corne et l'ivoire.

SACS A FARINE EN PAPIER. — Cette industrie a pris une grande extension en Amérique. L'usine Arkell et Smith, à Canajobarie, s'occupe spécialement de cette production.

La guerre de sécession ayant augmenté le prix des toiles de coton, dont MM. Arkell et Smith faisaient des sacs dès 1859, on en arriva à utiliser la pâte à papier.

La première patente américaine pour une machine à faire les sacs à papier date du 26 octobre 1852.

La machine Rice est patentée du 26 avril 1857.

La machine Greenough l'est du 3 février 1863.

Le papier des sacs pour l'épicerie était trop faible pour des sacs de farine; ni le chanvre, ni le lin, ni le jute, n'avaient la résistance du chanvre de Manille. Celui-ci était trop cassant. Cependant, on arriva à faire du papier dont une bande de $0^m,025$ de large supportait une charge de 55 kilos.

Actuellement, on fait des sacs à farine dont le papier a une résistance telle que la bande de $0^m,025$ supporte un effort de 100 kilos, tandis que les tissus de coton cèdent sous 13 kilos.

Comme le chanvre de Manille valait 1 fr. 82 le kilo, et qu'il en faut 100 kilos pour 50 kilos de papier, on a songé à utiliser tout d'abord les vieilles cordes.

C'est dans la fabrique de J.-B. Manning et Reuber-Peekham, à Troy, état de New-York, que les essais réussirent en 1868.

A cette occasion, les usines Manning, Arkell et Waren-Paine associèrent leurs 900 chevaux de force motrice pour produire quotidiennement 10,000 kilos de papier, transformés en sacs à Canajobarie.

Les cordes ou matières premières sont transportées par eau de New-York à Troy et déchargées dans les fabriques. Elles sont coupées en morceaux de $0^m,07$ à $0^m,10$, déchiquetées à sec, de telle sorte que la masse a l'aspect d'étoupes ou de crin. Les étoupes sont lessivées à la chaux, converties en pâte dans de grandes raffineuses, et transformées en papier sur des machines à double forme. Deux chemins de fer et le canal Erié relient Troy à Canajobarie, où la fabrique de sacs est située contre un coteau, de telle façon que le papier est déchargé des wagons à hauteur du quatrième étage. Il y a là quelquefois jusqu'à 100 tonnes de papier, qui est converti progressivement, dans les étages inférieurs, en tubes, c'est-à-dire en sacs sans fonds. Les machines employées à cela enduisent de colle les bords du papier, plient celui-ci et serrent les bords encollés entre des rouleaux. Elles forment des plis sur les côtés, font les entailles pour fixer le fond, coupent les tubes de longueur et les comptent. Une machine confectionne par minute 130 sacs de $0^m,90$ de longueur; une autre fait 175 tubes pour sacs de 4 kil. 500; une troisième 150 pour des sacs de 9 kilos ; une quatrième 130 pour des sacs de 18 kilos 500, pendant le même temps.

Les fonds sont attachés à la machine ou à la main, après avoir été imprimés par 14 presses, lesquelles livrent par jour 18,000 sacs.

L'impression est faite à l'aide de gravures en bois ou de clichés galvanoplastiques, à une ou plusieurs couleurs.

Les tubes imprimés sont placés par une ouvrière dans une machine où ils sont saisis par une paire de rouleaux et conduits plus loin. Pendant le trajet, le cylindre supérieur dépose de la colle à des endroits déterminés pour fixer le fond du sac. Cette colle est mise sur le cylindre dans des creux pratiqués à sa surface en passant sous un réservoir ad hoc.

La colle est faite de farine provenant de pointes de grains d'orge et elle est considérée comme la meilleure qui existe. Les fonds sont plissés automatiquement sur une machine à l'aide de rouleaux, de telle façon que les inscriptions qu'ils portent se trouvent toujours à leur place exacte.

La machine plisse exactement le bord supérieur du sac, pour enlever sa raideur au papier et permettre de ficeler le sac rempli.

On confectionne aussi des sacs à ciment avec du papier encore plus résistant et contenant 75 kilos de ciment.

Les sacs sont vendus directement aux consommateurs. Les sacs de 19 kilos sont livrés aux meuniers à raison de 18 fr. 37 c. le cent.

Les commandes de 100,000 sacs sont fréquentes ; celles de 500,000 habituelles ; celles de 1,000,000 plus rares.

De 1865 à 1880, la différence de prix résultant de la substitution du papier à la toile pour les sacs, se chiffre par 620,000,000 francs.

DE L'EMPLOI DU PAPIER DANS LA FABRICATION DES ROUES. — Les Américains et les Allemands ont essayé les roues en papier pour les wagons de chemins de fer. Les roues ordinaires en fonte durcie coûtent d'ailleurs plus cher et sont de moins longue durée.

Cette grande solidité, les nouvelles roues la doivent précisément à leur noyau en papier, qui saisit les secousses données aux bandages en acier et en empêche l'effet nuisible; tandis que, dans les roues en fer, les chocs sont communiqués aux essieux et à leurs fusées. C'est pourquoi jamais une rupture de roue ou d'essieu pendant la marche n'est arrivée à une voiture roulant sur des roues en papier.

Les premières roues de ce genre ont été fabriquées en 1869, par M. Richard Norton Allen (état de Vermont). Actuellement, l'établissement Pullman, pour la fabrication des voitures du railway de Chicago, fournit vingt-six roues par jour (août 1882).

Le carton est coupé en disques de diamètre supérieur à celui des roues. On perce le trou d'essieu. On colle trois cartons avec de la colle d'amidon ; on les empile par masses hautes de 1^m,20, puis on les soumet à une pression hydraulique de 650,000 kilos. Au sortir de la presse, chaque agglomération de trois cartons forme une planche épaisse.

On expose ensuite ces planches durant une semaine à une température de 40°R., jusqu'à ce que toute trace d'humidité ait disparu. On les égalise, et on les colle ensemble jusqu'à l'épaisseur de 0^m,85 à 1^m,30; on les soumet encore à la presse et on les sèche. A cet effet, les cartons doivent rester six semaines dans les étuves et chambres à refroidir.

Pour une roue de 1^m,10 il faut 116 cartons.

Le bloc étant égalisé reçoit deux couches de couleur, puis est pressé dans le bandage d'acier qui doit le recevoir sous une pression de 1500 kil. par 0^{m^2},000645, de façon à ce qu'il s'y fixe solidement et que le noyau en papier et le bandage forment un tout.

On fixe d'une manière semblable le moyeu dans le bloc de carton.

Les deux surfaces latérales reçoivent encore une couverture de fortes tôles en fer, fixées au moyen de boulons traversants et la roue est achevée.

Le poids total de 567 kil. 50 est réparti comme suit :

Carton comprimé . . . . 92 kil. 5
Bandage. . . . . 280 —
Moyeu . . . . 70 —
Boulons. . . . . 25 —
Tôles latérales . . . . . 100 —

Les bandages sont en acier Krupp et remplacés quand ils sont endommagés. Le noyau en papier reste le même et peut servir pour beaucoup de bandages. (*Voir Planche V.*)

Le prix d'une roue de 1^m,05 est de 425 fr.

Le prix du renouvellement du bandage d'acier est de 225 fr.

La roue en fonte trempée est de 60 à 80 fr., dont il faut déduire pour la revente 22 fr. Il est vrai qu'elle est usée après un parcours de 100,000 kilomètres. Les roues en papier peuvent faire 200,000 kilomètres sans être retouchées.

Rails en papier. — Une compagnie américaine essaie de substituer le papier à l'acier dans la fabrication des rails.

L'emploi des rails en papier paraît devoir offrir les résultats suivants : le prix de revient serait inférieur d'un tiers environ à celui des rails d'acier et leur usure serait moins prompte, parce que les agents atmosphériques semblent sans action sur le papier comprimé et que les différences de température ne donnent lieu à aucune variation sensible dans la longueur des rails.

De plus, la légèreté de la matière permettrait de fabriquer des rails beaucoup plus longs et par suite d'avoir une voie plus douce, moins fatigante pour le voyageur, moins destructive du matériel roulant.

Enfin, l'adhérence des roues motrices de la machine serait plus grande qu'avec l'acier ; les machines pourraient remorquer des trains plus considérables et les frais de traction seraient sensiblement diminués.

11

En outre, pour fabriquer les rails de papier, il faut beaucoup moins de charbon que pour faire ceux en acier.

Indépendamment des roues en carton, les Américains fabriquent en papier les engins appelées *trucks*, sur lesquels on place les voitures ordinaires et de luxe des voyageurs.

Ces *trucks* sont naturellement beaucoup plus légers et font un aussi bon service que ceux en fer.

BOUTEILLES EN PAPIER. — La facilité du moulage de la pâte, jointe aux qualités imperméables qu'on peut lui donner, a *fait songer à fabriquer des bouteilles incassables.*

La pâte des bouteilles en papier est composée de la sorte :

    10 parties de chiffons.
    40   —   paille.
    50   —   pâte de bois.

Chaque feuille de papier est imprégnée sur les deux faces d'une mixture ainsi préparée : 60 parties de sang frais dont on a extrait la fibrine ;

    35   —   chaux pulvérulente ;
    5   —   sulfate d'alumine.

On laisse sécher l'enduit et on donne une seconde couche.

On prend ensuite dix feuilles que l'on comprime dans des moules chauffés pour former chaque moitié de bouteille. On les réunit ensuite deux par deux sous l'action de la chaleur et de la compression ; l'enduit devient inattaquable par les liquides, vins, alcools, etc., etc.

CHAUSSURES EN PAPIER. — On utilise la pâte à papier ordinaire ou le papier mâché, pour faire l'empeigne des chaussures. A cet effet, la pâte est appliquée sur un moule *ad hoc*. On garnit l'intérieur de l'empeigne d'une doublure, que l'on y colle au moyen d'un ciment. Avec le même ciment, on relie la semelle à l'empeigne.

L'usage démontrera si ce procédé vaut ou non la fabrication en cuir.

TRANSPORT DU PÉTROLE DANS DES FÛTS EN PAPIER. — En Amérique, on a commencé à transporter le pétrole en fûts de papier. Les fûts sont fabriqués à Hartford, Cléveland, Toledo ; ces trois usines livrent 3,000 fûts par jour, peints en bleu et cerclés de fer, au prix de 1 dollar 35 cents = 6 fr. 65 c. pièce.

Les avantages des fûts en papier comprimé consistent dans l'absence de joints et par suite dans la diminution du coulage ; élastiques ; se brisent moins qu'en bois ; dilatation moindre et par suite frais accessoires de recerclage et de rebattage annulés ou très diminués.

MODE D'EMPLOI POUR LA FABRICATION DES TISSUS. — On fait en Espagne, avec l'halfa, des tissus estimés. A Paris, au *Carnaval de Venise*, on vend des mouchoirs d'halfa de fort jolie qualité.

Pour transformer les fibres d'halfa en filasse, on les fait rouir dans l'eau pendant vingt jours, de manière à amener la désagrégation de la substance gommo-résineuse qui maintient solidement agglomérées les fibres de la plante. On le fait ensuite sécher à l'ombre et on le bat pour séparer la filasse qui est d'une grande solidité.

MODE D'EMPLOI POUR LA FABRICATION DE LA SPARTERIE. — On désigne sous le nom de *sparterie* les ouvrages fabriqués, tressés, précédemment avec le spart seulement et actuellement avec cette graminée ainsi qu'avec les stipées décrites.

Les Arabes font avec l'halfa des chouari (paniers doubles), des vases garnis de goudron pour les liquides, des vases à cuire le kouskous, des tasses, paillassons, nattes, corbeilles, chapeaux, cordes, couffins, bâts pour bêtes de somme, liens pour espaliers, toitures de cabanes.

Les sparteries qu'on fabrique avec ce textile sont excellentes ; on en fait de très bons tapis, susceptibles de résister à l'humidité des murs et des planchers. Les insectes : mites, vers, punaises ne s'y logent pas. En outre, en raison des matières salines contenues, si un charbon enflammé vient à tomber dessus, il fera un trou, mais le feu s'éteindra aussitôt que le contact avec le feu qui l'avait communiqué cessera.

Comme tapis, il est donc avantageux ; mais on en fait aussi des fils et des tresses à longs brins ou peluches propres à fabriquer des tapis veloutés, à fond vert ou noir ou de différentes couleurs.

Ceux de couleur naturelle, sont d'un jaune paille foncé. Aussi bien, ils se teignent très bien, se lavent sans inconvénient. Les peluches se rajeunissent même par le lavage, de telle sorte que ces tapis ont toujours une apparence de fraîcheur et de propreté qui en rend l'usage précieux. Ces tapis peuvent servir de dessous de table, pour les bureaux, le fond des voitures, les tapisseries murales. Tous ces produits sont, en outre, fort bon marché.

Mode d'emploi pour la fabrication des cordes. — Les halfas pour corderie ne doivent être ni trop jeunes ni trop vieux. Trop jeunes, ils sont courts et contiennent peu de filaments. Trop vieux, ils sont durs et cassants. Il faut donc utiliser les feuilles dont la fibre est suffisamment formée. Celles-ci sont alors battues à l'aide de fortes machines, dans lesquelles les pilons écrasent la plante préalablement humectée. Le battage a pour résultat de désagréger quelque peu la matière végétale en mettant à nu la matière filamenteuse.

Les feuilles sont ensuite attachées par une extrémité entre deux mâchoires en bois et lancées dans une sorte de machine à peigner complètement analogue aux peigneurs à lin. La principale partie de cette machine se compose de quatre bras tournant autour de deux arbres horizontaux parallèles, portant à leur extrémité des barrettes munies de dents convenablement espacées. Dans leur rotation, les dents atteignent l'halfa qui reste suspendu au point de rencontre, dans un chariot parallèle, un peu plus haut que l'axe de ces arbres, et n'y laissent que la fibre verte et tenace qui constitue la substance propre des feuilles. Ces dents sont nettoyées d'une manière quelconque, lorsqu'elles sont trop chargées. Lorsque les mâchoires arrivent au bout de la machine on les retire du chariot ; on change de place l'halfa peigné par une extrémité pour le replacer du côté opposé et l'on peigne la partie qui n'est pas encore travaillée.

Ainsi peignées, les feuilles d'halfa ont l'apparence d'un chanvre grossier, court et un peu sale ; mais elles sont très tenaces et parfaitement propres à la fabrication des cordes, tapis d'entrée, d'escalier, de la sparterie, des tissus natés, etc.

Elles sont livrées aux cordiers et fabricants spéciaux qui les soumettent aux diverses manipulations auxquelles on soumet le chanvre pour une semblable destination.

Autre méthode pour les cordes. — Pour faire des cordages avec l'halfa, on fait rouir les feuilles pendant 15 à 20 jours, dans l'eau de mer qui affermit la matière, la rend nerveuse et lui donne de la force. L'eau douce, nous l'avons déjà dit, rend l'halfa plus flexible, le divise mieux, mais lui ôte de sa qualité et de sa durée. Retiré du bain de rouissage, l'halfa est mis à sécher et battu encore humide. Il devient ainsi flexible comme de la filasse. Il est alors propre à être roulé selon les diverses méthodes usuelles.

Les cordages de chanvre sont plus lourds , de moins de durée et de plus haut prix que ceux d'halfa.

§ 2. — QUANTITÉS APPROXIMATIVES D'HALFA UTILISÉES ANNUELLEMENT DANS LES DIFFÉRENTES INDUSTRIES.

Nous venons de voir que les débouchés ne manquent pas pour l'utilisation de l'halfa.

Il est assez difficile d'indiquer par catégories d'industries les quantités de consommation, celles-ci échappant aux douanes et par suite aux recensements administratifs.

D'autre part, les fabricants ne sont pas toujours aises de dire leurs procédés particuliers, leurs matières premières.

En outre, les diverses utilisations de l'halfa, à part les cordages, la sparterie, la papeterie, ne sont pas encore entrées dans le courant de la grande pratique.

Nous nous bornerons donc à donner les chiffres relatifs à la papeterie, à la corderie, à la sparterie , à la chapellerie, sans rechercher les subdivisions de ces quatre classes.

QUANTITÉS D'HALFA EMPLOYÉES DANS LA PAPETERIE.

L'énorme consommation de papier que l'on fait actuellement dépasse évidemment de beaucoup ce qu'il était possible de fabriquer avec les matières premières autrefois employées.

Nous savons que la pâte de bois est devenue l'une des richesses de l'Allemagne, mais que, d'autre part, le papier qui en résulte est de qualité insuffisante. Il n'est donc pas étonnant que l'on fasse appel à l'halfa.

Le docteur Carl von Scherzer émet l'hypothèse que la consommation du papier pour journaux, faite par divers pays, est en proportion directe des dépenses en argent faites par ces pays pour l'éducation et l'instruction. Cette opinion s'appuie sur les chiffres suivants :

DÉSIGNATION des PAYS.	Consommation du papier à journaux par an.		Dépenses annuelles pour journaux périodiques et livres	
	tonnes	par tête en kil.	en francs	par tête
Angleterre	100.000	2.77	410.535.000	11.375
Etats-Unis	109.000	2.13	520.200.000	10.20
France	72.000	1.91	298.305.000	7.875
Allemagne	77.000	1.65	323.750.000	7.125
Belgique . . , . .	8.500	1.50	35.052.500	6.275
Suisse	4.300	1.50	17.537.500	6.16

Le rôle que joue l'écriture dans la civilisation, d'une part, au moyen de la transmission à la postérité de la synthèse des faits de la vie, d'autre part, en raison des relations continues qu'elle permet d'établir entre les contemporains, ne peut qu'augmenter. Aussi bien les statistiques le prouvent.

En 1870, la consommation du papier se répartissait ainsi dans le monde :

Contrées.	Tonnes.	Nombre d'habitants.	Quantité par tête.
Europe	674.000	315.000.000	2 kil. 25
Asie			
Afrique	16.000	1.000.000.000	
Océanie			
Amérique	209.000	38.000.000	5 kil. 23
Totaux	899.000	1.353.000.000	

d'où il semblerait résulter que sur un milliard et demi d'êtres, il y en a plus d'un milliard d'illettrés.

Ces 900,000 tonnes de papier se décomposent comme il suit :

Papier à écrire :	150.000	tonnes.
— à impression	450.000	—
— d'emballage	200.000	—
— carton	100.000	–
Total :	900.000	tonnes.

et se répartissent entre les diverses branches dans les proportions suivantes :

Administration	10 à 12 %
Ecoles	10 à 12 %
Marchands	12 à 14 %
Commerce, industrie	6 à 8 %
Lettres	4 à 6 %
Imprimeurs	50 à 56 %

Sous le rapport des matières premières qui ont servi à sa fabrication, ces 900.000 tonnes se présentent comme il suit :

MATIÈRES PREMIÈRES.		CHIFFONS.		PAPIER.	
	tonnes		tonnes		tonnes
Laine.	1.000.000	Rend^t	100.000	Produit^t	50.000
provenant de 218.000.000 moutons.					
Coton.	1.000.000	«			250.000
Halfa sparte	100.000	«			50.000
Jute	—	«			«
Lin, chanvre. . . .	—		1.100.000		200.000
Paille	200.000	«			100.000
Bois mécanique . .	200.000	«			100.000
Produits chimiques.	275.000	«			150.000
Houille.	1.500.000	«			«
Autres matières . .	5.375.000	«			«

Totaux . . . . .

En 1884, on a fabriqué en Europe 1,720,000 tonnes de papier, c'est-à-dire 1,046,000 tonnes de plus qu'en 1870, et pour cette fabrication on n'a disposé cette même année que de 1,110,000 tonnes de chiffons, lesquels ont rendu au maximum 643,800 tonnes de papier.

Les 1,076,200 tonnes d'excédent ont donc dû être empruntées aux succédanées du chiffon, aux fibres végétales et en particulier à l'halfa, dans la proportion de 16 %.

Les autres matières végétales employées sont :

Le chanvre de la Nouvelle-Zélande (phormium tenax); le chanvre de Bengale (crotalaria juncea); le chanvre de Manille (musa textilis, musa troglodytarum); la jute (aschut, corchorus, capsularis); le chanvre d'aloès ou pite (agaves); le China-grass ou tschuma (urtica nivea, urtica utilis); ramie; le genêt ou bruyère (spartium scoparium); le genêt d'Espagne.

Le tableau suivant donne la répartition par pays et par matière première employée (1884), et particulièrement la quantité d'halfa consommée en divers pays pour la papeterie.

PAYS DE PRODUCTION.	Papier produit par catégories de matières premières employées en tonnes.				Totalisation du papier produit
	CHIFFONS.	BOIS Mécanique.	BOIS chimique.	HALFA et textiles.	TONNES.
Allemagne	226.000	150.000	25.000	52.500	445.500
Autriche	118.000	54.000	7.000	19.000	149.000
Belgique-Hollande	40.000	3.500	4.000	25.000	78.000
Danemark, Suède, Norwège	24.000	39.000	6.000	8.000	43.000
Espagne, Portugal	72.000	600		23.000	60.000
France	151.000	7.500	4.800	9.000	287.000
Grande-Bretagne	176.000		1.400	127.000	464.000
Italie	85.000	750	4.000	10.500	78.000
Russie	163.000	20.000		6.000	98.000
Suisse	11.000	8.500	2.000	3.000	14.000
Turquie-Grèce	15.000				1.200
Totaux	1.081.000	283.850	51.200	283.000	1.727.700

Cette masse de papier est produite par les fabriques réparties comme il suit, par contrées, genre et rendement :

PAYS.	FABRIQUES mécaniques.	NOMBRE de machines.	FABRIQUES à la cuve.	NOMBRE de cuves.	TONNES de papier produites.
Belgique	52	74	30	40	127.460
Danemark	5	9	1	2	6.360
Allemagne	580	751	188	300	689.400
Autriche	171	252	161	239	158.260
France	392	498	200	300	299.400
Grèce					
Grande-Bretagne	296	471	79	224	336.420
Italie	67	150	49	145	43.310
Pays-Bas	21	25	10	47	8.200
Portugal	10	10	8	21	2.820
Russie	71	104	45	98	32.070
Suède-Norwège	21	32	8	20	19.800
Suisse	42	50	8	12	15.180
Espagne	27	31	62	132	19.560
Turquie				1	80
Afrique	1			3	
Asie	0				
Amérique centrale	2				
Brésil	1				
Australie	1				
Amérique du Nord	820	989			322.734
Totaux	2.580	3.446	850	1.583	1.758.920

La production allemande occupe 129,000 personnes.

La production américaine, qui égale 325,000 tonnes, occupe 22,049 ouvriers payés 47,760,730 francs. Notons en passant que l'Amérique, qui importait, en 1873, pour 4,000,000 de francs de papier, a supprimé ses achats, mais exportait en 1883 pour 3,000,000 de francs de papier.

QUANTITÉS D'HALFA UTILISÉES POUR SPARTERIE, CORDERIE, CHAPELLERIE.

Les tableaux statistiques des douanes fournissent les renseignements suivants, relatifs à l'importation des spartes et halfas pour la sparterie générale :

IMPORTATION EN FRANCE

	COMMERCE GÉNÉRAL					CONSOMMATION					VALEUR EN FRANCS				
	SIX PREMIERS MOIS					JANVIER, FÉVRIER, MARS, AVRIL, MAI, JUIN					JANVIER, FÉVRIER, MARS, AVRIL, MAI, JUIN				
	1886	1885	1885	1884	1883	1886	1885	1885	1884	1883	1886	1885	1885	1884	1883
	kil.	kil.													
Sparte et ligneux pour chapeaux	485.200	321.400	574.931	386.005	355.291	441.700	231.200	499.793	394.996	207.318	3.003.560	1.572.160	5.497.723	4.364.711	2.819.520
Cordages de sparte	89.000	145.800	291.726	281.738	293.782	71.400	69.200	148.707	155.697	143.583	28.560	27.680	59.483	62.279	57.433
Tresses de sparte à 3 bouts	197.100	287.700	677.096	483.802	66.727	200.300	284.500	673.019	462.508	598.117	80.320	105.800	259.208	193.003	239.247

12

§ 3. — PAYS DE PRODUCTION DE L'HALFA ; LEUR RENDEMENT ACTUEL
POUR L'INDUSTRIE.

Les pays producteurs d'halfa sont :
La Cyrénaïque, la Tripolitaine, la Tunisie, l'Algérie, l'Espagne.

Cyrénaïque. — En 1881, deux chargements de 1800 tonnes ont été expédiés de Benghazi en Amérique (renseignements du consul américain Jones).

Tripolitaine. — En 1881, il a été expédié de Tripolitaine en Amérique : 30,400 tonnes d'halfa, payées sur place 3,343,680 francs.

Exportation de Tripoli en Angleterre (renseignements du consul Drummont) :

1882........	47,752	tonnes valant	5,146,042	francs.
1883	37,592	—	3,429,920	—
1884	20,116	—	4,754,882	—
1885	53,340	—	5,170,100	—

Exportation des autres ports de la Tripolitaine en Angleterre (bulletin consulaire britannique) :

1881	—	tonnes valant	—	francs.
1882	—	—	—	—
1883	50,837	—	4,062,553	—
1884	34,472	—	4,344,952	—
1885	53,340	—	5,170,100	—

Tunisie. — Exportation en Angleterre :

1881 . . . . •	—	tonnes valant	—	francs.
1882	—	—	—	—
1883	18,138	—	2,925,444	—
1884	20,854	—	2,960,172	—

Exportation *en France* :

1885. . Tresses et nattes de sparte à trois bouts :
588 tonnes valant . . . . 235,250 fr.
— Feuilles d'halfa : 234 tonnes valant. . . . . 150,340 —

Le commerce de la Tunisie avec l'Angleterre, pour l'exportation de l'halfa, se fait dans les ports suivants et pour les valeurs ci-dessous :

1883	Tunis	60.275 fr.	» c.
—	La Goulette	50	45
—	Sousse	374.996	—
—	Monastir	9.608	—
—	Mehedia	4.943	—
—	Sfax	757.381	—
—	Djerba	1	15
—	Gabès	171.344	—
—	Zarzys	2.900	—
—	Hammamet	11	—
—	Benzert	7	40

Total :	1.381.517	00
Non déclarés ou autres ports forains :	1.543.927	00
Total :	2.925.444	00

Maroc. — Exportation en Angleterre :

1883	216 tonnes valant	29.482 fr.
1884	— — —	16.367 —

Égypte. — 1883 . . 351 tonnes valant . . . 43.706 —

Italie. — Exportation en Angleterre :

1883 . . . . . 182 tonnes valant . . . 28,875 —

Portugal. — 1883 . . 414 tonnes valant . . . 111.472 —

Espagne. — Exportation en Angleterre :

1883	45.152 tonnes valant . .	9.032.971 —
1884	40.801 —	7.942.458 —

RECAPITULATION

du commerce halfatier, par an et par Pays de provenance, l'Algérie exceptée.

PAYS.	1881		1882		1883		1884		1885		1886		Totaux.	
	Q	V	Q	V	Q	V	Q	V	Q	V	Q	V	Q	V
CYRÉNAIQUE.	3.600	360.000											3.600	360
ÉGYPTE.					351	43.706							351	43
ESPAGNE.					45.432	9.032.971	40.801	7.942.458					85.953	16.975
ITALIE.					182	28.875							182	2?
MAROC.					216	29.482	100	16.367					316	4?
PORTUGAL.					414	111.472	54.588	6.096.834	53.340	5.170.100			414	111
TRIPOLITAINE	30.400	3.343.680	47.752	5.146.042	88.420	7.492.473	20.854	2.960.172	819	385.590			274.509	27.24?
TUNISIE.					18.138	2.925.444							39.811	6.27?
TOTAUX.	34.000	3.703.680	47.752	5.146.042	152.882	19.664.423	116.343	18.015.831	54.159	5.535.690			405.238	51.18

Commerce halfatier de l'Algérie.

Exportation d'Algérie à l'étranger de l'Halfa (en paquets ou en balles).

Années.	Quantités en tonnes.	Valeurs en francs.
1867		
1868		
1869	240.509	36.076.350
1870		
1871		
1872		
1873	45.967	6.894.997
1874	58.857	8.828.550
1875	57.148	8.572.160
1876	58.762	8.814.230
1877	68.758	10.313.670
1878	61.198	9.179.783
1879	62.595	9.389.314
1880	80.895	12.134.276
1881	80.844	12.126.577
1882	83.522	12.828.303
1883	84.163	12.624.441
1884	96.473	14.471.008
Totaux de 1867-1885...	1.081.694	162.253.659

L'halfa récolté en Algérie en 1884 mesure 320.167.900 kilos, ainsi répartis :

11.467.500 kilos provenant de la province d'Alger.
301.394.500   —   —   d'Oran.
7.305.900   —   —   de Constantine.

320.167.900 kilos, dont 90.349.000 kilos ont été absorbés par l'Angleterre. L'excédent résulte, non de pléthore, mais de la qualité insuffisante des halfas présentés.

Commerce halfatier de l'Algérie. — Quantités et valeurs par an. — Ports de provenance et Pays de destination.

PORTS D'EMBARQUEMENT.	1876 Q.	1876 V.	1877 Q.	1877 V.	1878 Q.	1878 V.	1879 Q.	1879 V.	1880 Q.	1880 V.	1881 Q.	1881 V.	1882 Q.	1882 V.	1883 Q.	1883 V.	1884 Q.	1884 V.	TOT.
Nemours			751		250		131		549		986		498		1.124		1.710		
Oran			64.847		58.679		59.400		53.552		48.927		51.638		35.905		55.701		
Arzew			562		449		706		21.829		19.701		20.905		31.825		24.612		
Alger			1.563		1.205		1.999		3.035		4.396		6.995		6.137		3.321		
Philippeville			256		207		351		1.189		8.386		4.543		7.981		10.739		
Bône			780		409		»		741		457		1.072		1.191		390		
Bougie			»		»		»		»		»		49		»		»		
Totaux			68.758		61.119		62.596		80.895		80.865		85.700		84.163		96.473		
PAYS DE DESTINATION.																			
France			2.080		1.706		1.252		2.777		4.214		2.340		2.999		1.650		
Angleterre			42.710		46.255		47.761		63.318		58.783		69.574		66.361		81.467		
Espagne			20.859		12.133		11.600		12.947		14.545		2.528		10.538		6.574		
Portugal			1.885		927		1.182		1.003		1.350		1.117		1.771		1.130		
Belgique			1.199		166		784		643		1.174		1.541		1.579		2.933		
Autres pays			25		10		17		147		799		1.600		915		2.719		
Totaux			68.758		61.119		62.596		80.895		80.865		85.700		84.163		96.473		

§ 4. — PAYS DE CONSOMMATION DE L'HALFA.

IMPORTANCE APPROXIMATIVE DE LA CONSOMMATION DANS CHACUN D'EUX.

Commerce halfatier et textile de l'Algérie.

Ces tableaux donnent seulement la consommation de l'halfa d'Algérie. — Nous donnons plus loin, pour les principaux pays consommateurs, leur consommation totale en halfa et des autres filaments similaires.

Année.	Nature des MARCHANDISES.	Destination.	Quantité en kilos.	Taux moyen d'évaluation.	COMMERCE GÉNÉRAL.			Commerce spécial de consommation
					VALEUR EN FRANCE			Valeur en francs
					Navires français.	Navires étrangers.	Total.	
1876	Halfa — en paquets.	Angleterre.	870.666					
		Posses.Angl.Médit.	3.000					
		Portugal.	1.439.021					
		Espagne.	13.639.533					
		Totaux.	15.952.220	0.14	300.844	1.932.467	2.233.311	2.233.311
	balles pressées.	Angleterre.	40.818.797					
		Autres pays.	465.432					
		Totaux.	41.284.229	0.15	79.610	6.113.024	6.192.634	6.192.634
	Végétaux filamenteux — bruts.	Allemagne.	473.491					
		Belgique.	565.039					
		Angleterre.	670.755					
		Autriche.	206.600					
		Italie.	109.169					
		Autres pays.	158.129					
		Totaux.	2.183.183	0.55	297.157	903.594	1.200.751	1.200.751
	Autres filamenteux.				682.507	9.222.222	9.904.729	9.902.705

Année.	Nature des MARCHANDISES.		Destination.	Quantité en kilos.	Taux moyen d'évalua- tion.	COMMERCE GÉNÉRAL, VALEUR EN FRANCS.			Commerce spécial de consommation. Valeur en francs.
						Navires français.	Navires étrangers.	Total.	
1877	Végétaux filamenteux	Halfa / en paquets.	Angleterre. Portugal, Espagne. Autres pays.	1.436.268 1.884.900 20.836.722 24.510	0.13				
			Totaux.	24.182.420	0.13	87.167	3.056.548	3.143.715	3.143.715
		balles pressées.	Belgique. Angleterre. Autres pays.	1.999.154 41.273.541 22.888					
			Totaux.	42 495.583	0.14	206.139	5.743.243	5.949.382	5.949.382
		bruts.	Pays-Bas. Belgique. Angleterre. Autriche. Italie. Autres pays.	109.094 797.536 602.176 173.520 212.483 230.165					
			Totaux.	2 124.974	0.55	228.717	940.019	1.168.736	1.168.736
		peignés.	Belgique. Angleterre. Espagne. Autres pays.	713.956 700.850 50.174 112.296					
			Totaux.	1.577.276	0.90	39.469	1.380.079	1.419.548	1.419.548
		Autres filamenteux.				2.206	6.803	9.609	9.609
1878	Halfa	en paquets.	Angleterre. Portugal. Espagne. Autres pays.	2.114.210 926.940 11.887.950 10.120					
			Totaux.	14.939.220	0.13	55 163	1.886.916	1.942 099	1.942.099
		balles pressées.	Belgique. Angleterre.	167.690 43.938.100					
			Totaux.	44.105.790	0.13	77.580	6.097.231	6.174.811	6.174.811

Année.	Nature des MARCHANDISES.		Destination.	Quantité en kilos.	Taux moyen d'évalua-tion.	COMMERCE GÉNÉRAL, VALEUR EN FRANCS.			Commerce spécial de consommation Valeur en francs.
						Navires français.	Navires étrangers.	Total.	
1878	Végétaux filamenteux	bruts.	Russie Baltique.	113.840					
			Suède.	145.225					
			Belgique.	338.135					
			Allemagne.	567.700					
			Angleterre.	221.415					
			Autriche.	471.500					
			Italie.	440.900					
			Etats-Unis Oc. Att.	200.300					
			Autres pays.	62.710					
			Totaux.	2.561.725	0.59	256.235	1.024.627	1.280.862	1.280.862
		peignés.	Belgique.	776.800					
			Angleterre.	148.290					
			Autres pays.	45.770					
			Totaux.	970.860	0.85	32.742	792.489	825.231	825.231
	Autres filamenteux.					2.091	2.012	4.103	4.103
1879	Halfa	en paquets.	Angleterre.	127.900					
			Portugal.	1.041.040					
			Espagne.	10.018.565					
			Etats barbaresques.	15.000					
			Totaux.	12.292.505	0.15	140.216	1.703.660	1.843.876	1.843.876
		balles pressées.	Belgique.	764.000					
			Angleterre.	46.549.500					
			Espagne.	1.572.900					
			Autres pays.	43.000					
			Totaux.	48.949.400	0.16	20.741	7.811.163	7.831.904	7.831.904
	Végétaux filamenteux	bruts.	Allemagne.	480.030					
			Belgique.	528.800					
			Angleterre.	597.200					
			Autriche.	1.052.660					
			Italie.	360.700					
			Etats-Unis Oc. Att.	369.870					
			Autres pays.	166.310					
			Totaux.	35.555.630	0.55	190.976	1.764.620	1.955.596	1.955.596
		peignés.	Angleterre.	601.040					
			Belgique.	859.550					
			Autres pays.	574.450					
			Totaux.	1.518.640	0.95	712	1.441.426	1.442.138	1.442.138
	Autres filamenteux.					464	1.556	2.020	2.020

13

Année.	Nature des MARCHANDISES.		Destination.	Quantité en kilos.	Taux moyen d'évalua-tion.	COMMERCE GÉNÉRAL.			Commerce spécial de consommation
						VALEUR EN FRANCS			
						Navires français.	Navires étrangers.	Total.	Valeur en francs
1880	Halfa	en paquets.	Angleterre. Espagne. Etats-barbaresques. Belgique. Portugal.	4.147.320 12.941.490 42.530 643.160 1.063.100					
			Totaux.	18.837.600	0.14	152.911	2.484.353	2.637.264	2.637.264
		balles pressées.	Angleterre. Allemagne. Autres pays.	59.372.180 100.000 9.620					
			Totaux.	59.481.800	0.15	73.443	8.848.827	8.922.270	8.922.270
	Végétaux filamenteux	bruts.	Angleterre. Espagne. Italie. Russie-Mer Noire. Suède. Allemagne. Pays-bas. Belgique. Autriche. Etats-Unis Oc. Atl. Autres pays.	091.540 86.200 436.800 100.100 154.200 559.350 39.600 291.400 869.420 452.600 15.400					
			Totaux.	3.935.410	0 75	92.550	2.866.657	2.959.207	2.951.557
		peignés.	Angleterre. Poss. Angl. Médit. Espagne. Allemagne. Belgique. Autriche.	81.550 28.740 39.630 51.620 737.050 87.180					
			Totaux.	1.020.770	1.20	1.224.924	1.224.924	1.224.024	
	Autres filamenteux.					4.852	1.520	6.372	6.372
1881	Halfa	en paquets.	Suède. Angleterre. Portugal. Espagne. Autres pays.	300.000 6.736.527 804.900 14.499.363 221.575					
			Totaux.	22.062.365	0.14	89.011	2.999.720	3.088.731	3.088.731

Année.	Nature des MARCHANDISES.	Destination.	Quantité en kilos.	Taux moyen d'évalua-tion.	COMMERCE GÉNÉRAL. VALEURS EN FRANCS.			Commerce spécial de consommation
					Navires français.	Navires étrangers.	Total.	Valeur en francs
1881	Halfa — balles pressées.	Belgique.	680.000					
		Angleterre.	52.623.579					
		Portugal.	1.044.100					
		Autres pays.	237.776					
		Totaux.	54.585.455	0.15	417.811	77.700.007	8.187.818	8.187.818
	Autres	Angleterre.	147.138	0.53	77.250	733	77.983	77.983
	Végétaux filamenteux — bruts.	Russie-Mer Noire.	69.370					
		Suède.	150.000					
		Belgique.	1.710.547					
		Allemagne.	669.777					
		Angleterre.	849.200					
		Espagne.	122.826					
		Autriche.	682.763					
		Italie.	780.860					
		Etats-Unis Oc. Atl.	511.797					
		Autres Pays.	109.193					
		Totaux.	5.156.283	0.75	476.045	3.391.167	3.867.212	3.867.212
	Autres				3.586	7.398	10.984	10.984
1882	Halfa — en paquets.	Angleterre	10.259.950					
		Espagne.	9.098.431					
		Portugal.	1.116.853					
		Italie.	129.850					
		Autres Pays	855.000					
		Totaux.		0.125	48.541	2.571.461	2.620.012	2.620.012
	balles pressées.	Angleterre.	59.092.540					
		Belgique.	1.541.368					
		Allemagne.	1.200.000					
		Autres pays.	429.148					
		Totaux.	62.263.056	0.135	60.095	8.345.418	8.405.513	8.405.513
	Autres		274.650	0.60	24.090	140.700	164.790	164.790
	Végétaux filamenteux — bruts.	Belgique.	1.330.966					
		Allemagne.	906.328					
		Etats-Unis Oc. Atl.	811.440					
		Italie.	635.954					
		Autriche.	294.000					
		Angleterre.	159.000					
		Russie.	218.413					
		Espagne.	76.865					
		Poss. angl. Médit.	50.250					
		Autres pays.	57.796					
		Totaux.	4.540.531	0.70	378.803	2.759.569	3.178.371	3.178.371
	Autres		—		9.710	42.877	52.587	5 2.587

Année.	Nature des MARCHANDISES.	Destination.	Quantité en kilos.	Taux moyen d'évalua-tion.	COMMERCE GÉNÉRAL.			Commerce spécial de consommation
					VALEUR EN FRANCS.			
					Navires français.	Navires étrangers.	Total.	Valeurs en francs.
1883	Halfa	**en paquets.** Belgique,	20.000					
		Angleterre.	12.977.957					
		Portugal.	1.770.987					
		Espagne.	9.583.797					
		Autres pays.	1.820					
		Totaux.	24.354.561	0.125	115.139	2.929.181	3.044.320	3.044.320
		balles pressées. Norwège.	305.000					
		Allemagne.	589.831					
		Belgique.	1.558.617					
		Angleterre.	53.333.023					
		Espagne.	955.388					
		Autres pays.	18.435					
		Totaux.	56.609.797	0.135	168.600	7.500.722	7.669.322	7.669.356
		Autres.	168.055	0.65	83.119	26.117	109.236	109.236
	Végétaux filamenteux	**bruts.** Suède.	38.198					
		Allemagne.	931.000					
		Belgique.	1.822.463					
		Angleterre.	710.205					
		Poss. ang. Médit.	47.500					
		Autriche.	603.707					
		Espagne.	138.670					
		Italie.	1.118.350					
		Etats-Unis Oc. Atl.	1.949.051					
		Autres pays.	55.886					
		Totaux.	7.425.030	0.55	288.332	3.795.434	4.083.766	4.083.766
		Autres.			9.414	1.568	10.982	4.021
1884	Halfa	**en paquets.** Norwège.	261.256					
		Pays-Bas.	1.801.000					
		Belgique.	26.200					
		Angleterre.	6.075.684					
		Portugal.	977.799					
		Espagne.	5.178.901					
		Italie.	124.444					
		Totaux.	14.445.284	0.125	107.792	1.697.868	1.805.660	1.805.660
		balles pressées. Norwège.	530.000					
		Allemagne.	2.374					
		Belgique.	2.904.209					
		Angleterre.	73.550.758					
		Espagne.	938.400					
		Totaux.	77.915.741	0.135	18.322	10.500.303	10.518.625	10.518.625
		Autres.	137.618	0.65	60.338	29.114	89.452	89.452

Année.	Nature des MARCHANDISES.		Destination.	Quantité en kilos.	Taux moyen d'évalua- tion.	COMMERCE GÉNÉRAL.			Commerce spécial de consommation.
						VALEUR EN FRANCS.			
						Navires français.	Navires étrangers.	Total.	Valeur en francs.
1884	Végétaux filamenteux.	Bruts.	Russie.	138.640					
			Mer Noire.	590.562					
			Pays-Bas.	176.939					
			Belgique.	2.515.436					
			Angleterre.	495.931					
			Poss. Angl. Médit.	40.815					
			Autriche.	1.208.569					
			Espagne.	88.944					
			Italie.	940.467					
			Etats-Unis Oc. Atl.	813.200					
			Autres Pays.	27.808					
			Total.	7.037.311	0.5	177.599	3.341.056	3.518.655	3.518.655
			Autres filamenteux.			20.523	1.054	21.577	18.537

Commerce halfatier de l'Angleterre.

En outre de l'halfa pour papeterie, l'Angleterre a importé d'autres matières végétales destinées à la fabrication du papier :

Années.	Quantités en tonnes.		Valeurs en francs.
1883.	112.095	—	242.024,61
1884.	114.576	—	25.242.217
1885.	36.012	—	»
1886 (six mois).	16.585	soit pour l'an, approximativ. : 33.170.	

Ces chiffres prouvent que la production de l'halfa sera toujours utilisée.

13*

Importation totale et détaillée de l'halfa et des articles similaires, en Angleterre.

PAYS.	1880		1881		1882		1883		1884		1885		1885 1er semestre.		1886 1er semestre.	
	Q.	V.	Q.	V.	Q.	V.	Q.	V.	Q.	V.	Q.	V.	Q.	V.	Q.	V.
....	2322351	41334013	241851	41037896	»	»	»	»	»	»	»	»	»	»	»	»
Espague	»	»	»	»	46814	9820995	45112	9015023	41199	7973631	44200	8037412	20398	3776719	21693	3821619
Algérie	»	»	»	»	72992	12416335	98819	13864606	90349	13114097	75395	10482516	32285	4450422	31158	4320034
Hollande	»	»	»	»	»	»	408	35383	»	»	»	»	»	»	»	»
Portugal	»	»	»	»	»	»	414	111472	»	»	»	»	»	»	»	»
Italie	»	»	»	»	»	»	181	28875	»	»	»	»	»	»	»	»
Égypte	»	»	»	»	»	»	351	43706	»	»	»	»	»	»	»	»
Tripoli	»	»	»	»	»	»	88439	7492473	54588	6098834	»	»	»	»	»	»
Tunis	»	»	»	»	»	»	18148	2925444	20854	2900172	»	»	»	»	»	»
Maroc	»	»	»	»	»	»	216	29482	100	16307	»	»	»	»	»	»
Autres pays.	»	»	»	»	6146	860440	45287	10531058	57822	7363937	83262	10891674	32069	4135732	31932	3799872
Non classés.	»	»	»	»	71667	10033380										
Totaux...	2322351	41334013	241851	41037896	255619	24131150	293165	......	264712	37325008	203857	28911602	84762	12382793	86785	11641525

Tableau comparatif de l'importation de l'halfa en Angleterre, pour les années 1883, 1884 et 1885 (valeurs en tonnes anglaises de 1016 kilos).

PORTS DE DESTINATION.	ESPAGNE			ALGÉRIE			TUNISIE			TRIPOLITAINE			CONTRÉES NON CLASSÉES			TOTAUX EN TONNES ANGLAISES		
	1883	1884	1885	1883	1884	1885	1883	1884	1885	1883	1884	1885	1883	1884	1885	1883	1884	1885
London	7.037	2.605	1.397	8.709	9.684	4.846	2.180	680	1.135	10.925	7.436	16.210	447	411	271	29.298	20.816	23.859
Rochester													401	143	167	401	143	167
Portsmouth															132			132
Cardiff	506	427		4.301	5.695	1.816	1.972	1.619	1.604	9.881	6.521	9.221				16.560	14.262	12.641
Newport		36	290			301											36	591
Liverpool	3.674	2.879	4.729	28.066	25.683	23.680	2.679	6.518	7.708	13.146	6.067	11.963	312	226	373	47.879	42.268	48.399
Fleetwood				2.222	268											2.532	283	
Belfast				1.396	1.130	1.729	385			310						1.306	1.130	1.729
Glasgow	3.800	2.820	3.705	2.736	3.125	2.856				685		830				7.606	5.951	7.481
Aberdeen	4.082	6.887	5.216	3.823	1.833	2.070		790		290	330	792				8.795	9.840	8.078
Dundee	4.007	4.655	4.574	6.710	5.274	6.021					665					10.717	10.404	11.195
Kirkcaldy	259	905	744	2.210	3.072	2.275	295	675	345							2.764	4.652	3.864
Alloa	2.290	1.498	1.403	2.525	2.217	2.652	170		300			181				4.985	3.715	4.436
Bo'ness	2.044	2.222	2.921	3.330	2.940	3.897	2.319	196	1.511	978	1.027	697				8.671	6.999	9.026
Grangemouth	1.795	1.558	1.776	1.444	3.519	4.719		700				835		15		3.239	5.777	7.330
Granton		4.225	4.527														4.225	4.527
Leith	21.281	8.747	10.201	18.647	17.638	12.937	6.279	7.087	4.071	2.431		7.206		25		39.638	33.497	34.414
Tyne	2.057	1.294	1.931	6.223	5.789	4.444	1.658	2.177	1.490	12.239	10.464	15.226				21.977	19.744	23.081
Sunderland					475								212					
Hull														161			687	
Goole															195	161		195
															2			2
Total	44.439	40.704	43.503	92.342	86.357	74.603	17.987	20.486	18.151	50.087	33.940	68.067	1.160	1.193	1.110	205.658	184.680	200.647

Commerce halfatier de l'Angleterre. — Quantités d'halfa pour la fabrication du papier. — *(Valeurs en tonnes anglaises de 1016 kilos.)*

PROVENANCES.	1877	1878	1879	1880	1881	1882	1883	1884	1885
Espagne......	43.394	37.892	44.091	51.413	40.415	46.077	44 402	40.764	
Malte.	5.744	369	393	43	33	259		56	
Tunisie et Tripolitaine....	75.771	60.478	68.910	76.140	83.335	59.132	67 890	54.360	
Algérie.......	49.200	39.941	46.606	60.612	66.752	7.843	92.872	88.357	
Maroc........	637	253	529	2.879	755	320	213	260	
Contrées diverses non classées	1.132	1.572	1.412	142	1.203	3.218	1.385	877	
TOTAUX.......	175.878	140.505	161.971	191.229	192.493	180.849	206.762	184.680	

Ces quantités ont été *exclusivement employées à la fabrication du papier,* en Angleterre.

Commerce halfatier de l'Angleterre. — Importation de l'halfa en Angleterre, par destinations, provenances, quantités et prix-courants, pour le mois de Novembre 1885. (Mesures en tonnes anglaises de 1016 kilos.)

DESTINATIONS.	PROVENANCES.						
	Espagne.	Algérie.	Tunisie.	Tripolitaine.	Italie.	Cô'e West d'Afrique.	Total.
London.........	»	534	»	»	»	»	534
Cardiff.........	»	»	»	2004	»	»	2004
Liverpool........	105	2226	815	259	10	86	3501
Glasgow.........	»	311	»	»	»	»	311
Dundee..........	200	826	»	»	»	»	1026
Kirkcaldy........	»	213	»	»	»	»	213
Alloa...........	»	570	»	»	»	»	570
Bo'ness.........	»	784	»	220	»	»	1004
Grangemouth.....	»	235	»	»	»	»	235
Granton	600	»	»	»	»	»	600
Leith.	762	999	535	1000	»	»	3296
Tyne...........	»	»	»	460	»	»	460
Total........	1667	6698	1350	3943	10	86	13.754

Prix-courants pour Novembre 1885 (valeurs en francs).

Espagne............ { 150,30 à 156 } 156 167,60

Oran............. { 106,60 118,10 } 119,15 129

Arzew............ { 111,5 114,40 } 118,10 126,10

Sousse. 131,85 137,60

Sfax............. } 129 131,85
Gabès............ }

Tripoli............ { 106,60 112,38 } 115,28 121,03

Mogador.......... 100,88 105,48

Côte des Palmes 87,16 106,60

Importations comparatives pour Novembre.

1883	1884	1885
16.193 tonnes	14.435 tonnes	13.754 tonnes

14

Commerce halfatier de l'Angleterre. — Importation de l'halfa en Angleterre, par destinations, provenances, quantités et prix-courants, pendant le mois de Décembre 1885. (Mesures en tonnes anglaises de 1016 kilos.)

DESTINATIONS.	PROVENANCES.							
	Espagne.	Algérie.	Tunisie.	Tripolitaine	Italie.	Côte West. d'Afrique.	Fran'e.	Total.
London..........	50	»	»	1.150	»	»	»	1.200
Rochester.......	»	»	»	»	»	»	102	102
Cardiff..........	»	»	»	770	»	»	»	770
Liverpool	»	1.796	500	1.126	17	39	»	3.478
Belfast..	»	609	»	»	»	»	»	609
Glasgow	300	735	»	430	»	»	»	1.465
Aberdeen........	1.094	»	»	»	»	»	»	1.094
Dundee..........	238	630	»	»	»	»	»	868
Kirkcaldy... ...	»	648	»	»	»	»	»	648
Bo'ness..........	610	»	588	»	»	»	»	1.198
Grangemouth	»	260	»	»	»	»	»	260
Granton	730	»	»	»	»	»	»	730
Leith............	864	561	»	»	»	»	»	1.425
Tyne............	»	704	»	2.551	»	»	»	3.258
TOTAL....	3.886	5.943	1.088	6.030	17	39	102	17.105

Prix-courants pour Décembre 1885 *(valeurs en francs.)*

Espagne.........	151,32 à 157,05	157,07 168,57
Oran...........	106,63 121,03	118,13 129
Arzew..........	112,38 118,13	115,28 126,10
Sousse...	131,85	137,60
Sfax.. Gabès..	128,85	131,85
Tripoli..........	106,63 115,28	112,38 121,03
Magador.........	100,88	112,38
Côte des Palmes......	87,16	106,63

Importations comparatives pour Décembre.

1883	1884	1885
14,633 tonnes	12,782 tonnes	17,105 tonnes

Commerce halfatier de l'Angleterre. — Importation de l'halfa en Angleterre, par destinations, provenances, quantités et prix-courants, pour le mois de Janvier 1886. (Mesures en tonnes anglaises de 1016 kilos.)

DESTINATIONS.	PROVENANCES.								
	Espagne.	Portugal.	Algérie.	Tunisie.	Tripolitaine	Italie.	Maroc.	Côte West d'Afrique	Total.
London....	50	»	1.019	»	800	»	23	»	1.892
Newport...	300	»	»	»	»	»	»	»	300
Cardiff....	736	»	»	»	»	»	»	»	736
Liverpool..	487	»	916	893	580	25	»	4	2.905
Belfast....	»	»	609	»	»	»	»	»	609
Glasgow...	750	»	710	»	»	»	»	»	1.460
Aberdeen..	235	»	675	»	»	»	»	»	910
Dundee....	160	»	238	»	»	»	»	»	398
Kirkcaldy..	416	»	216	»	»	»	»	»	632
Alloa	»	»	530	»	»	»	»	»	530
Bo'ness....	406	»	816	»	315	»	»	»	1.537
Grangemouth..	»	»	512	»	»	»	»	»	512
Granton ...	»	»	633	»	»	»	»	»	633
Leith	945	»	1.501	812	955	»	»	»	4.213
Tyne......	»	»	»	»	1.272	»	»	»	1.272
Hull......	»	19	»	»	»	»	»	»	19
TOTAL...	4.485	19	8.375	1.715	3.922	25	23	4	18.558

Prix-courants pour Janvier 1886 (valeurs en francs).

Espagne.......,.... $\begin{cases} 151,32 \\ 157,06 \end{cases}$ à $\begin{matrix} 157,07 \\ 162,82 \end{matrix}$

Oran............ $\begin{cases} 106,63 & 123,88 \\ 121,03 & 129 \end{cases}$

Arzew............ $\begin{cases} 109,53 & 112,3 \\ 115,28 & 121,03 \end{cases}$

Sousse 129   134,75

Sfax, Gabès........ 121,03   129

Tripoli........... $\begin{cases} 100,88 & 109,53 \\ 112,03 & 118,13 \end{cases}$

Mogador ....'.... 100,88   112,3

Côte des Palmes 87,16   106,60

Importations comparatives pour Janvier.

1884	1885	1886
19.950 tonnes	17.083 tonnes	18.558 tonnes

Commerce halfatier de l'Angleterre. — Importation de l'halfa en Angleterre, par destinations, provenances, quantités et prix-courants, pour le mois de Février 1886. (Mesures en tonnes anglaises de 1016 kilos.)

DESTINATIONS.	PROVENANCES.								
	Espagne.	Portugal.	Algérie.	Tunisie.	Tripolitaine	Italie.	Côte West d'Afrique.	»	Total.
London....	150	»	484	650	2.845	»	»	»	4.129
Cardiff....	»	»	220	»	»	»	»	»	220
Liverpool..	658	»	3.537	550	1.857	2	22	»	6.626
Glasgow...	»	»	500	»	»	»	»	»	500
Dundee....	835	»	»	»	»	»	»	»	835
Kirkcaldy..	150	»	»	»	»	»	»	»	150
Alloa......	350	»	»	»	»	»	»	»	350
Grangemouth..	315	»	»	»	»	»	»	»	315
Grantou ...	1.054	»	430	»	»	»	»	»	1.484
Leith......	700	»	836	»	»	»	»	»	1.536
Tyne......	»	»	440	»	330	»	»	»	770
Sunderland.	»	»	»	»	537	»	»	»	537
Hull......	»	41	»	»	»	»	»	»	41
TOTAL...	4.212	41	6.447	1.200	5.569	2	22	»	17.493

Prix-courants de février 1886 (*valeurs en francs.*)

Espagne..........	{ 143,35 à	151,32
	151,32	157,07
Oran	{ 106,63	115,28
	118,13	126
Arzew...........	{ 109,53	112,30
	115,28	121,03
Sousse...........	126,10	131,85
Sfax, Gabès	121,03	126
Tripoli...........	{ 95,79	106,63
	112,30	115,28
Mogador	100,88	106,63
Côte de Palmes......	87,16	100,88

Importation comparative pour février 1886.

1884	1885	1886
27,209 tonnes	19,986 tonnes	17,493 tonnes

Commerce halfâtier de l'Angleterre. — Importation de l'halfâ en Angleterre, par destinations, provenances, quantités et prix-courants, pour le mois de Mars 1886. (Mesures en tonnes anglaises de 1016 kilos.)

DESTINATIONS.	PROVENANCES.							
	Espagne.	Algérie.	Tunisie.	Tripolitaine	Italie.	Côte West d'Afrique.	États-Unis.	TOTAL.
London	422	64	680	»	»	»	220	1.386
Cardiff	»	238	308	600	»	»	»	1.146
Liverpool	665	218	»	»	32	30	»	945
Glasgow	302	»	»	»	»	»	»	302
Aberdeen	210	881	»	»	»	»	»	1.591
Dundee	531	442	»	»	»	»	»	973
Kirkcaldy	»	190	»	»	»	»	»	190
Alloa	»	500	»	»	»	»	»	500
Bo'ness	192	925	»	270	»	»	»	1.387
Grangemouth	510	272	»	»	»	»	»	782
Granton	731	1.520	»	»	»	»	»	2.251
Leith	1.718	1.832	»	814	»	»	»	4.364
Tyne	300	»	»	800	»	»	»	1.100
TOTAL	6.081	7.082	988	2.484	32	30	220	16.917

Prix-courants pour Mars 1886 *(valeurs en francs)*.

Espagne	$\left\{\begin{array}{l} 143,35 \\ 151,32 \end{array}\right.$ à	$\begin{array}{l} 151,32 \\ 157,07 \end{array}$
Oran	$\left\{\begin{array}{l} 106,63 \\ 118,13 \end{array}\right.$	$\begin{array}{l} 115,28 \\ 126,00 \end{array}$
Arzew	$\left\{\begin{array}{l} 103,78 \\ 112,38 \end{array}\right.$	$\begin{array}{l} 109,53 \\ 118,13 \end{array}$
Sousse	126,10	131,85
Sfax, Gabès	115,28	121,03
Tripoli	$\left\{\begin{array}{l} 95,81 \\ 109,53 \end{array}\right.$	$\begin{array}{l} 103,78 \\ 112,38 \end{array}$
Mogador	100.88	106,63
Côte des Palmes	187,16	100,88

Importations comparatives pour Mars.

1884	1885	1886
20.058 tonnes	13.402 tonnes	16.917 tonnes

14*

Commerce halfâtier de l'Angleterre. — Importation de l'halfâ en Angleterre,
par destinations, provenances, quantités et prix-courants, pour le mois
d'Avril 1886. (Mesures en tonnes anglaises de 1016 kilos.)

DESTINATIONS.	PROVENANCES.						
	Espagne.	France.	Algérie.	Tunisie.	Tripolit.	Côte W d'Afrique.	TOTAL.
London......	»	18	1.307	»	2.423	»	3.748
Cardif.......	350	»	»	»	1.302	»	1.652
Liverpool.....	»	»	»	»	2.028	38	2.066
Glascow	606	»	»	»	»	»	606
Aberdeen.....	894	»	»	»	»	»	894
Dundee......	163	»	»	»	»	»	163
Bo'ness	»	»	615	»	»	»	615
Grangemouth..	»	»	576	»	»	»	576
Leith...	690	»	1.230	1.048	»	»	2.968
Tyne........	307	»	778	530	674	»	2.289
Sunderland...	»	»	»	»	845	»	845
TOTAL.....	3.010	18	4.506	1.578	7.272	38	16.422

Prix-courants pour Avril 1886 (valeurs en francs).

Espagne	134,75 à 140,50	143,35 151,32
Oran	106,55 115,08	118,13 126,10
Arzew	103,78 106,63	109,53 115,08
Sousse.	126,10	131,85
Sfax, Gabès.	109,53	118,13
Tripoli	92,91 100,88	106,63 109,53
Mogador.	92,91	100,88
Côte des Palmes.	75,66	92,91

Importations comparatives pour Avril.

1884	1885	1886
13,965 tonnes	16,835 tonnes	16,422 tonnes

Commerce halfâtier de l'Angleterre. — Importation de l'halfâ en Angleterre, par destinations, provenances, quantités et prix-courants, pour le mois de Mai 1886. (Mesures en tonnes anglaises de 1016 kilos.)

DESTINATIONS	PROVENANCES.									
	Espagne.	Algérie.	Tunisie.	Tripolitaine	Italie.	Malte.	Maroc.	Côte West d'Afrique	Hollande.	Total.
London....	251	844	»	»	»	»	100	»	»	1.192
Queenboro.	»	»	»	»	»	»	»	»	2	2
Cardiff....	170	787	492	560	»	280	»	»	»	2.289
Liverpool..	300	1.491	1.340	1.526	15	»	»	20	»	4.692
Glasgow...	200	240	»	500	»	»	»	»	»	940
Aberdeen..	»	314	»	»	»	»	»	»	»	314
Dundee....	232	»	»	»	»	»	»	»	»	232
Kirkcaldy..	»	180	»	»	»	»	»	»	»	180
Alloa	555	500	»	»	»	»	»	»	»	1.055
Bo'ness....	258	235	»	»	»	»	»	»	»	493
Granton ...	1.265	1.055	»	»	»	»	»	»	»	2.320
Leith	333	583	671	733	»	»	»	»	»	2.320
TOTAL...	3.564	6.226	2.503	3.319	15	280	100	20	2	16.029

Prix-courants pour Mai 1886 (valeurs en francs).

Espagne.....,.... $\begin{cases} 129 & \text{à} & 134,75 \\ 137,6 & & 143,35 \end{cases}$

Oran........... $\begin{cases} 103,78 & 112,38 \\ 115,48 & 121,03 \end{cases}$

Arzew.......... $\begin{cases} 103,78 & 106,63 \\ 109,53 & 115,08 \end{cases}$

Sousse.......... 126,10   131,85

Sfax, Gabès........ 106,63   112,38

Tripoli........... $\begin{cases} 87,16 & 95,81 \\ 100,88 & 106,63 \end{cases}$

Mogador.......... 92,91   100,88

Côte des Palmes 75,66   92,91

Importations comparatives pour Mai.

1884	1885	1886
7.160 tonnes	16.872 tonnes	16.029 tonnes

Commerce halfátier de l'Amérique.

Importation aux États-Unis de l'halfa d'Algérie.

ANNÉES.	QUANTITÉS en tonnes françaises.	VALEURS.
De juin 1882 à juin 1883.................	»	»
De juin 1883 à juin 1884.................	32.595	15.122.262
De juin 1884 à juin 1885.................	39.287	14.195.061

Commerce halfátier de la Belgique.

Importation d'Algérie et importations générales des fibreux pour papier et sparterie.

		COMMERCE GÉNÉRAL d'entrées		COMMERCE SPÉCIAL de consommation	
		Quantités.	Valeurs.	Quantités.	Valeurs.
1880	Commerce Algérien........		106.700		106.700
	Commerce total...........		1.759.177		3.810.517
1881	Commerce Algérien........		169.502		169.502
	Commerce total...........		5.511.233		4.407.939
1882	Commerce Algérien........	1.639.561	1.311.649	1.639.561	1.311.649
	Commerce total...........	15.591.905	12.473.524	15.571.451	12.457.161
1883	Commerce Algérien........		689.450		689.450
	Commerce total...........		2.044.100		2.018.268
1884	Commerce Algérien........		525.900		525.900
	Commerce total...........		2.153.328		2.109.785

Conditions d'établissement d'une usine.

La déduction logique des faits jusqu'ici exposés nous entraîne à examiner plus attentivement si la fabrication de la pâte à papier d'halfâ ne peut être exécutée en Algérie, et par suite quelles sont les conditions requises pour l'établissement et le fonctionnement économique d'une industrie de ce genre. Le budget de l'Algérie, en 1883, s'élevait à 38,267,000 francs; son revenu n'atteignant que 31,451,000 francs, il s'ensuit un déficit supérieur à sept millions, qu'il faut ajouter aux cinquante millions que coûte l'armée d'Afrique. Il est donc d'une importance extrême d'encourager la création d'industries susceptibles d'augmenter la richesse du pays, alors même que dans le cas spécial qui nous occupe, les Espagnols semblent devoir profiter plus avantageusement du développement des exploitations halfâtières.

La production industrielle de la pâte d'halfâ, ou du moins l'installation d'une usine appropriée à la fabrication de cette matière, est soumise à des conditions diverses, qui doivent être simultanément remplies.

MOYENS D'ACCÈS. — L'accès de l'usine doit être facile, et sa situation telle que les matières puissent cheminer méthodiquement depuis leur état brut jusqu'à leur mode transformé.

Des chantiers au lieu de traitement ou d'embarquement, divers modes de translation peuvent être mis en usage ; là, les railways existent ou sont de construction possible et traversent les peuplements halfâtiers : c'est le cas fréquent qui se présente dans la province d'Oran. En 1873, le gouvernement concéda, en effet, à la Compagnie Franco-Algérienne trois cent mille hectares de peuplements d'halfâ ; la compagnie acceptait en échange l'obligation de construire un chemin de fer, qui partant d'Arzew avait pour objectif Géryville, en desservant Saïda, Mécheria.

Nous n'avons pas à étudier les causes qui ont déterminé la décadence de cette exploitation, alors qu'en fait elle a réalisé une énorme recette brute.

Lorsque des voies ferrées importantes ne peuvent être construites, soit à cause des difficultés économiques ou d'obstacles topographiques, on a recours dans ce cas à des voies plus élémentaires.

13

Indépendamment du railroad à 1ᵐ,10 d'écartement, des porteurs Decauville, et de divers autres modes en usage, nous tenons à signaler deux procédés éminemment pratiques : le type américain, le monorail Lartigue.

Railway à section très étroite. — Les Américains ont conduit de Bedfort à North-Billerica (Massachussets) un chemin de fer à section très-étroite, dont l'écartement entre les rails est de 0ᵐ,25. Cette ligne, dont le développement mesure 14 kilomètres, comprend onze ponts, dont l'un traverse une rivière de 30 mètres de largeur. Les rails ont un poids de 12 kil. 4 par mètre courant. Les locomotives pèsent 8 tonnes et les voitures 4 tonnes et demie. Chacune d'elles peut contenir 30 passagers. La vitesse moyenne est de 32 kilomètres à l'heure ; les trains comportent au maximum deux voitures à voyageurs et deux wagons à marchandises. Ce modèle est parfaitement approprié aux exploitations des steppes du Sud.

Chemin de fer monorail. — Le chemin de fer monorail Lartigue est utilisé par la Compagnie Franco-Algérienne pour le transport des halfas qu'elle récolte sur les hauts plateaux du Sud Oranais. (*Voir Planche VI.*)

En 1883, l'ensemble des communications établies présentait un développement de 120 kilomètres et servait à alimenter l'artère principale d'Arzew.

Le système de traction Lartigue se compose d'un cacolet qui roule à l'aide de poulies-roues à gorge sur un fer rectangulaire.

Un chameau traîne sans difficulté trente wagonnets que réunissent de simples anneaux d'attelage.

Le rail unique est placé à 0ᵐ,8 du sol. Chaque rail est long de 3 mètres ; la juxtaposition des rails est immobilisée à l'aide d'éclisses à boulons.

Deux jambes en U supportent le rail. Celui-ci pèse 15 kilos ; les deux supports et le patin : 14 kilogrammes. La voie est essentiellement mobile et légère ; une équipe de 6 hommes peut déposer, porter en avant et reposer 4 kilomètres de voie en une journée, tandis qu'un ouvrier aidé d'un seul manœuvre suffit pour établir plusieur centaines de mètres en dix heures. Le rail présentant une certaine flexibilité latérale, il suffit pour obtenir une courbe, même à très faible rayon, de placer trois ou quatre hommes à l'endroit voulu ; ceux-ci soulèvent le rail de terre, l'infléchissent dans le sens de la courbe à réaliser, puis le laissent retomber : la courbe est ainsi résolue. En raison de sa flexibilité, le rail épousant suffisamment le sol , il n'y a pas lieu de préparer à l'avance le terrain.

Les wagonnets sont de types divers. Celui à halfâ consiste en un petit bâti en fonte avec coussinets en bronze et chapeaux graisseurs automatiques ; une poulie à gorge est calée sur un arbre en acier. Deux fers en U, ou des cornières formant consoles sont fixés à ce bâti. L'écartement des consoles est maintenu par des entre-toises en fer, sur lesquelles est fixée une toile métallique.

Ce wagonnet pèse 30 kilos, et comme son centre de gravité se trouve au-dessous du point de suspension, aucun renversement n'est à redouter.

D'autres types de cacolets ont également été établis : les cacolets-fourragères, les cacolets-citernes, les cacolets à sacs, à hottes, à plate-formes ; les cacolets-caisses, les cacolets articulés, les cacolets à grilles, à gens, à blessés.

Il n'y a pas à se préoccuper de l'équilibre des charges opposées : une différence de poids de 20 kilos fait bien incliner légèrement l'appareil, sans toutefois détruire l'équilibre, sans augmenter le frottement ou empêcher en aucune façon son bon fonctionnement.

Le chemin de fer à rail unique surélevé de M. Lartigue présente les avantages suivants : économie de prix d'achat, très grande légèreté, pose facile et rapide, suppression des aiguilles, croisement de voie, plaques tournantes, rails spéciaux pour les courbes ; suppression de l'entretien, la hauteur du rail, placé à $0^m,80$ au-dessus du sol, le préservant des sables, des boues, des herbes, etc.; économie dans les frais de traction.

Ce système de transport est incontestablement apte à rendre les plus grand services, dans les hautes steppes de l'Afrique du nord ; aussi bien l'expérience a prouvé qu'il répondait aux besoins à satisfaire.

EAU. — Les eaux nécessaires au fonctionnement d'une papeterie doivent être envisagées sous le double point de vue d'agent chimique et d'élément moteur.

Eau de fabrication. — La quantité et la qualité des eaux qui servent pour les diverses opérations d'une papeterie ont une grande influence sur la nature de la fabrication.

Supposons, pour fixer les idées, le mode de traitement usuel et une pile mesurant 4000 litres de liquide. Si on emploie au lavage de la matière cinq fois le cube de la pile, 200 kilos de matière, poids qui correspond à la capacité du récipient donné, viendront au contact de 20.000 litres d'eau, soit avec cent fois leur poids.

Les eaux de lessivage, de blanchiment, de raffinage, portent au double cette quantité.

Pour fabriquer 1500 kilos de pâte blanche par jour, il faut compter pour les deux piles nécessaires

aux lavages.	500 litres à la minute.
au lessivage.	500	—
imprévu et divers. . .	500	—

TOTAL. . . . . . 1500 litres, c'est-à-dire kilo pour kilo.

Si la quantité d'eau est un facteur important, sa qualité n'est pas moins à considérer, car les impuretés qu'elle peut contenir en suspension sont de nature à compromettre la valeur de la fabrication. La nature des eaux détermine, du reste, d'une manière absolue, le genre de pâte des papiers que l'on ne doit pas songer à fabriquer. Ces impuretés sont de deux ordres : mécaniques ou chimiques. Les impuretés mécaniques : boue , limon, apports divers, sont d'un traitement facile ; on remédie à cet inconvénient à l'aide de filtres à gravier. A cet effet, on peut organiser une série de bassins superposés : dans le premier, l'eau dépose par simple effet de pesanteur ; dans les autres, l'eau filtre à travers des couches successives de gros gravier, de gravier fin, puis de sable. Les matières argileuses et siliceuses tenues en suspension qui auraient jauni la pâte, les matières organiques qui rendraient impossible la fabrication des pâtes superfines, sont ainsi arrêtées.

Les filtres de Gabriel Planche sont également d'un excellent usage.

Impuretés chimiques : la chaux, la magnésie, le fer, les gaz et les autres matières salines dissoutes dans l'eau, doivent être soigneusement neutralisées.

Les eaux minérales de compositions variées sont toujours nuisibles ; ainsi les sels ferrugineux rendent souvent les eaux impropres à la fabrication, car en présence d'un alcali, le fer se décompose et colore la pâte en jaune-brun. Les combinaisons d'acide carbonique et d'acide sulfurique des sels calcaires rendent l'eau dure ou crue et déterminent la formation de grumeaux abondants en présence de l'eau de savon ; l'addition de chaux caustique corrige cet inconvénient, car le métalloïde s'empare de l'acide carbonique libre et entraîne la précipitation des sels carbonatés devenus insolubles.

Les eaux séléniteuses contiennent du sulfate de chaux : l'oxalate d'ammoniaque et le chlorure de barium y déterminent des précipités abondants.

Lorsque l'eau contient des traces de bicarbonate de chaux, elle fait passer au violet la teinture alcoolique jaune du bois d'Inde.

L'oxygène en excès attaquant le fer, l'emploi du bronze et du cuivre dans les machines est par suite indispensable dans ce cas.

En Chine, aux Indes, en Amérique, on utilise principalement l'alun pour purifier l'eau : 0,25 centigrammes d'alun suffisent pour traiter un litre et précipiter sous forme de flocons les matières en suspension.

Nous avons déjà dit que le réactif caractéristique de la chaux est l'oxalate d'ammoniaque qui donne un précipité blanc.

La température de l'eau présente aussi une limite qu'il ne faut pas dépasser, car le sulfate de chaux (plâtre), se dissout d'autant plus facilement que la température de l'eau est plus élevée ou qu'elle renferme une plus grande quantité de chlorure de sodium.

Force motrice. — La cherté de la houille , en Algérie , ne permet évidemment de songer à la création d'une usine que tout autant qu'on peut disposer d'une force hydraulique suffisante. Il y aurait cependant lieu d'étudier de plus près l'utilisation des moulins à vent et des nouvelles turbines atmosphériques.

Parmi les récepteurs hydrauliques, nous mettrions en première ligne les turbines qui, par suite de leur grande vitesse initiale, simplifient de beaucoup la transmission des mouvements. Toutefois, comme elles nécessitent une immersion complète, et par suite un débit et une vitesse constants, on ne pourra les utiliser que lorsque la chute disponible sera supérieure à cinq mètres.

Nous n'hésitons donc pas à leur préférer les roues hydrauliques. Le rendement effectif de ces moteurs n'atteint bien, il est vrai, que 60 % à 70 % de la puissance indiquée ; leurs engrenages sont multiples et leurs organes intermédiaires nombreux ; mais leur inspection est facile et les réparations exécutables sur place.

La puissance d'action d'une chute d'eau est égale au produit du poids de l'eau utilisée par la longueur de l'ordonnée afférente à la trajectoire du jet moyen. Si v est la vitesse du flotteur, v' la vitesse de la masse, on a pour la vitesse moyenne $V = v \left(\frac{7,71 + v'}{16,25 + v'} \right)$. En divisant cette expression par 75, on obtient le nombre de chevaux-vapeur disponibles.

Avec une force de six chevaux-vapeur on peut compter sur la production journalière de 1000 kilos de pâte blanche, raffinée et séchée.

Produits chimiques. — La plus-value des produits chimiques en France est la cause de la décadence de la papeterie. Dans l'état actuel des choses, nos fabricants ont plus de profit à acheter en Angleterre la pâte à papier préparée que de la fabriquer eux-mêmes.

La fabrication en Algérie, basée sur les manipulations nouvelles que nous avons développées et supprimant les produits chimiques dont le bon marché en Allemagne et en Angleterre constitue les seuls avantages de nos concurrents étrangers, annullera pour eux cet élément de priorité.

Le jour où des usines basées sur ces idées s'élèveront dans l'Afrique française du nord, notre colonie deviendra la riche papeterie de l'Europe, et l'on n'entendra plus cette phrase pénible, répétée devant tous les comptoirs français : « papier anglais ! »

CHAPITRE IV.

AMÉLIORATIONS A APPORTER DANS L'EXPLOITATION
pour arrêter le Dépérissement.

(Les matières du Chapitre IV ont été déjà traitées dans le cours de cette étude ; nous nous bornerons
donc à les résumer.)

A. Procédés de préservation.

§ 1. — INDICATION GÉNÉRALE DES SOINS A APPORTER DANS L'EXPLOITATION
POUR MÉNAGER LA PLANTE.

Les pluies torrentielles qui décharnent le versant des montagnes sont, après la main de l'homme, l'élément le plus dévastateur des halfâtières. Il est donc de toute nécessité d'étudier soigneusement le terrain sur lequel on opère, d'y ménager des thalwegs artificiels ou d'aménager convenablement les dépressions existantes, de façon à ce que les orages formidables qui fondent sur les hautes steppes dès la fin août, trouvant des issues libres et faciles, ne viennent pas se déverser impétueusement sur les plantations et les détruire.

La plante, arrivée à l'âge adulte et préservée de ces cataclysmes équinoxiaux, atteindra dès lors presque la durée du siècle , si une exploitation trop avide n'affaiblit pas sa vitalité. Cette puissance vitale sera évidemment atténuée si l'exploitation, au lieu de se borner à la cueillette moyenne de 5 quintaux de tige par hectare, la porte à son maximum. Les plantes vivent en effet autant par les feuilles que par les racines, et sur les hautes steppes brûlées par le soleil, l'halfâ, durant l'été, ne subsiste pour ainsi dire qu'à l'aide de ses feuilles, dont les formes acérées condensent plus facilement l'humidité de l'atmosphère.

La suppression des feuilles équivaut donc à celle d'autant d'organes nourriciers. On conçoit par suite, sans qu'il soit nécessaire de développer plus longuement cette pensée , comment la santé de la plante peut être altérée par une récolte trop abondante. On trouve un exemple frappant de l'action nourrissante des feuilles, dans les vignobles qui, prospères et chargés de raisins, sont subitement dévastés et desséchés par ce seul fait que les altises en ont dévoré la feuillée. Nous repousserons, par conséquent, tout procédé qui, dans une proportion trop grande, prive la plante de ses tiges durant la saison estivale. Cette considération paraît donc exclure toute récolte à la faucheuse, qu'elle soit mue par la main de l'homme ou mécaniquement. Le procédé de cueillette au gant de caoutchouc semble être le mode préférable ; c'est en tout cas celui qui, jusqu'à présent, a donné les meilleurs résultats.

Quant à la distribution des récoltes par sections annuelles, ce que nous venons de dire impose l'abandon de cette idée séduisante au point de vue économique. Il est, en outre, bien évident, qu'indépendamment de la souffrance qu'une ablation complète des feuilles imposerait à la plante, celle-ci offrirait dans cet état de dénudation une résistance beaucoup moins grande aux diverses intempéries de l'hiver.

En résumé, l'exploitation des halfatières devra être effectuée à la main convenablement gantée pour éviter les déchirures ou à l'aide du bâtonnet; l'opérateur aura soin de ne séparer d'un seul coup qu'une seule feuille de sa base engaînante et de n'enlever de la plante qu'un nombre de feuilles limité et qui n'excèdera pas 5 quintaux à l'hectare. Ultérieurement, à la saison des pluies, on pourra procéder à une cueillette de repasse, qui aura moins pour but d'augmenter la récolte que de débarrasser la plante des tiges qui peuvent l'épuiser sans augmenter sa puissance de résistance aux agents extérieurs.

§ 2. PÉRIODE ANNUELLE DE PROHIBITION DE RÉCOLTE. — SON POINT DE DÉPART ET SA DURÉE SUIVANT LES ZONES ; FAIRE CONNAITRE SI ELLE DOIT S'APPLIQUER A TOUS LES TERRAINS A HALFA, QUEL QU'EN SOIT LE PROPRIÉTAIRE, VARIER D'UNE ANNÉE A L'AUTRE OU COMPRENDRE UN CERTAIN NOMBRE D'ANNÉES.

La prohibition de la récolte doit embrasser toute la période de montée de la sève, en fixant comme limite extrème finale et terme initial les mois de janvier et de juin. Cela n'implique pas cependant qu'il soit opportun de récolter l'halfâ, dans quelque lieu que ce soit, du 15 juin au 1er janvier. Selon les altitudes et les expositions, il y aura lieu de retarder l'ouverture de la cueillette ou de hâter la fermeture. Nous pensons qu'on peut assez exactement fixer les bases suivantes :

Vers l'altitude 800ᵐ l'ouverture aura lieu le 15 juin la fermeture le 1ᵉʳ décembre.

—	900	—	—	1ᵉʳ juillet	—	15 —
—	1000	—	—	15 juillet	—	1ᵉʳ janvier.
—	1200	—	—	1ᵉʳ août	—	1ᵉʳ —

Ces dates, affectées à des régions diverses, seront fixes, à moins de décisions contraires et obligatoires pour tous les propriétaires, l'intérêt public primant le droit personnel. Les propriétaires devront, en effet, se souvenir que leur situation de possesseurs du sol résulte directement de leur intromission dans la société, et par suite de la reconnaissance tacite du droit social; et c'est en vertu du droit solidaire qui résout les conditions d'équilibre entre ces deux revendications contraires en apparence, que les mandataires du peuple auront dans ce cas droit d'action chez les titulaires tenanciers d'une halfâtière. Les terrains susceptibles d'exploitations plus rémunératrices que la récolte de l'halfa et tels que la culture nouvelle soit de nature à produire sous le rapport de la tenue des terres et de l'infiltration des eaux des avantages équivalents à ceux des stipées, pourront naturellement être exploités et plantés différemment; mais toutefois après avis préalable donné à l'administration.

Les époques dont nous avons fixé les limites extrêmes devront sans doute subir quelques variations, qu'il est néanmoins impossible de fixer à l'avance. La végétation peut, en effet, avancer ou retarder de trois à quatre semaines selon la somme de chaleur ou de pluie reçue par la terre. Or, la périodicité des années de pluies et de sècheresse, bien que connue dans ses lignes générales, n'autorise cependant pas encore à établir des tableaux de ces variations. L'administration pourra aviser les intéressés en temps et lieu, au moyen de décisions spéciales. On peut cependant noter qu'il se produit un maximum de pluies tous les six ans : 1872, 1878, 1884, 1890 ; années pluvieuses et froides.

Il y a aussi un maximum tous les dix-huit ans, période fort voisine de la durée du cycle lunaire ; on passe par un minimum tous les douze ans.

La discussion des moyennes établit une probabilité de 0,88 pour la sècheresse de 1887.

16

§ 3. — Durée qu'il convient de donner aux baux de location et étendue moyenne a attribuer aux lots (baux courts ou longs, concessions restreintes ou étendues).

La mise en exploitation des peuplements halfâtiers exige des capitaux considérables, ainsi qu'on a pu s'en rendre compte par ce qui est expliqué dans cette étude, soit qu'on traite l'halfâ sur place ou qu'on se borne à l'exporter.

Bien que la loi mécanique de la « division du travail » soit dans son application sociale d'une fécondité indéniable, il n'est pas possible, dans le cas actuel, de morceler en concessions multiples et d'une étendue appropriée aux besoins d'un groupe familial, les peuplements halfâtiers de l'Algérie. Il n'y a pas , du reste, à admettre que ces monades industrielles, provenant généralement des couches les moins civilisées , aient la sage pensée de s'unir en syndicat, pour faire exécuter les travaux nécessaires à la transformation et à l'exportation de la matière brute. Aussi bien, la puissance monétaire leur manquerait. L'État seul pourrait leur avancer les fonds ; il n'y a pas à envisager cette solution.

Sous un autre point de vue, la multiplicité des concessions, jointe à l'étendue des régions où elles seraient effectuées, faciliterait singulièrement des irrégularités, la transgression des lois.

Les petits concessionnaires n'exploitent pas, en effet, à proprement parler, les peuplements qui leur sont concédés : ils se bornent à revendre, pour l'exportation, l'halfâ qu'ils achètent aux indigènes, lesquels ne se gênent en aucune sorte pour dévaster les halfâtières en toute saison, contrairement à toutes ordonnances, et cela sans qu'on les puisse saisir efficacement. On voit quelle foule d'abus engendre cette manière de faire. Dans l'état actuel des choses, un petit concessionnaire qui exploiterait honnêtement et conformément au cahier des charges, serait forcément ruiné par la concurrence de ceux qui opèrent, sinon à l'aide du vol, du moins avec le dol comme adjuvant.

Un groupe ayant des fonds et du crédit peut seul réunir les conditions qui permettent une exploitation complète et avantageuse. Or, la concentration des sommes suffisantes, les dépenses de constructions et d'installations multiples, l'achat d'un matériel coûteux, l'entretien d'un personnel important, l'immobilisation d'un fonds de roulement considérable, tout cela impose une contre-partie équivalente, c'est-à-dire une concession qui en étendue et en durée couvre les capitaux engagés, atténue les risques, paye l'intérêt, et permette un amortissement progressif.

Nous pensons donc que les baux devraient être consentis pour une durée de trente ans, et porter sur une étendue minimum de 100,000 hectares représentant une récolte de 50,000 tonnes par an, ce qui correspond à un trafic de 136 tonnes par jour, c'est-à-dire de quoi alimenter annuellement, sur un railway à section de $1^m,10$, 63 trains de 52 tonnes par jour.

Le coût kilométrique du train étant de 4 fr., la dépense du transport serait de $2,68 \times 4 \times$ Nombre de kilomètres par train. — On conçoit facilement qu'il ne serait pas possible de transporter ces 50,000 tonnes autrement que par des moyens de traction perfectionnés; les chameaux ne portent que 100 kilos par journée de 40 kilomètres, et les *arabas* (charrettes tunisiennes à un collier) 600 kilos : ces procédés primitifs, insuffisants du reste, exigeraient, en outre, des parcs d'animaux considérables.

Capital nécessaire. — Pour l'établissement du capital nécessaire, nous supposerons deux cas : l'exportation simple, le traitement sur place. Admettons, pour fixer les idées, que la distance moyenne des centres d'exploitation des gîtes halfâtiers à l'artère principale ferrée supposée créée soit de 40 kilomètres, soit de 290 kilomètres jusqu'au port d'embarquement, il vient :

1° Création d'un chemin de fer industriel d'un développement de 40 kilomètres, à 77,000 francs le kilomètre . . . . F. 3.080,000
2° Matériel d'environ 30 chantiers 60,000
3° Installation des chantiers ci-dessus 90,000
4° Atelier des presses hydrauliques ou à main 120,000
5° Fonds de roulement 500,000

Total. . . . . F.   3,830,000

D'autre part, on a pour le prix de revient de la tonne, des chantiers aux usines d'Europe :

1° Arrachage, triage, séchage, bottelage, pressage, cordage, etc. . . . . F. 30

2° Manutention, mise sous palan 10

3° Transport moyen, en balles pressées et par tarif spécial, 290 kilomètres. 29 74

4° Frêts pour l'Europe 14

Total. . . . . F. 83,74

A ajouter :

5° Amortissement et assurance maritime. 10

Total. . . . . F. 93 74

prix qui est sensiblement inférieur aux plus basses cotes de l'halfâ sur les marchés anglais, dont la limite minima n'a pas dépassé 103 fr. 10 c.

La différence entre les prix de vente et de revient égale donc 9 fr. 36 c. Dans cette hypothèse, l'exploitation pourrait produire un bénéfice annuel de $50,000 \times 9,36 = 468,000$ fr., c'est-à-dire rapporter 12 0/0 du capital engagé, amortissement et tous frais payés.

On peut admettre que dans de telles conditions le capital d'exécution serait facilement réalisé, puisque durant une longue période de temps ce capital recevrait un produit très rémunérateur.

La voie ferrée, utilisée par des tiers, serait en outre un bienfait pour le pays et une source de profits non escomptés.

La colonisation gagnerait à ces créations nouvelles, tandis que de nombreuses opérations connexes pourraient être entreprises concurremment avec l'exploitation de l'halfâ. Dans cet ordre d'idées, nous nommerons : la production et le commerce des grains ; — le commerce des laines et des dattes ; — l'élève des moutons ; — l'installation d'autrucheries dans les dépressions des Zaghrez, régions très-appropriées à cette industrie.

Au point de vue général, une entreprise exécutée sur une telle échelle assurerait l'existence de quinze à vingt mille individus, ce qui, beaucoup mieux que les décisions administratives, entraînerait la création naturelle de centres nouveaux et forcément prospères.

Supposons maintenant le cas où une partie de l'halfâ sera traitée en

Algérie. Tout d'abord, il faudra établir une usine dans une région propice, voisine de peuplements halfâtiers et en même temps sur un cours d'eau susceptible de développer une force motrice de six chevaux au minimum.

Il convient de porter les dépenses nécessitées par les frais de premier établissement : terrains, bâtiments, matériel, à . . . . F. 300,000

A ce chiffre il faut ajouter :

1° Salaire du personnel pendant 12 mois.	F. 40,000
2° 2000 tonnes d'halfâ pris sur place.	60,000
3° Approvisionnements divers.	10,000
4° Fonds de réserve.	150,000
Total.	F. 560,000
5° Amortissement, dépréciation du capital immobilisé 1/20	15,000
Total.	F. 575,000

Une usine ainsi installée pourrait traiter approximativement 2000 kilos d'halfâ par jour, c'est-à-dire rendre environ 365 tonnes de pâte blanche raffinée par an, qui, au prix de 540 fr. la tonne, produisent : 197,100 fr.

Le résultat se traduirait donc par un bénéfice égal aux 34 % du capital engagé.

§ 4. — MISE EN DÉFENS DES TERRAINS A HALFA EN EXPLOITATION ; EFFETS DU PATURAGE DES DIFFÉRENTES ESPÈCES D'ANIMAUX ; INDICATION DE CEUX QU'IL CONVIENDRAIT D'ÉCARTER DES PEUPLEMENTS ET DE L'ÉPOQUE OÙ LEUR PATURAGE EST LE PLUS PRÉJUDICIABLE.

Le cheval ne mange ni la racine ni l'épi de l'halfâ ; le bœuf et le chameau pâturent volontiers l'épi, mais seulement lorsqu'il n'y a rien autre à brouter. Les moutons n'aiment pas les feuilles d'halfâ : celles-ci renferment en effet un principe toxique , la spartéine ; ils ne s'attaquent à l'épi que s'ils ne peuvent se nourrir autrement. Or, en hiver et au printemps, seules époques où ces divers animaux pourraient occasionner quelques dommages, une végétation puissante et savoureuse s'élève entre les touffes d'halfâ ; en été, à leur ombre, vivent encore quelques plantes préférées, de telle sorte que la présence des animaux n'est en aucun temps nuisible aux halfâtières. C'est même l'inverse qui a lieu, car la fumure qu'ils laissent ne peut que féconder le sol.

§ 5. — Interdiction éventuelle de l'établissement de chantiers d'halfa au sud des Chtout, pour y fixer les sables et conserver aux tribus une réserve pastorale.

Étant donné la possibilité d'assurer la marche des exploitations conformément aux règles de conservation appropriées et la surveillance sérieuse des halfâtières, il ne devient plus nécessaire d'interdire, même au sud des Chtout, la récolte de l'halfâ. Une cueillette rationnelle et des coupes réglées sont, au contraire, de nature à fortifier les plantes, à développer leur enracinement, et, par suite, à concourir à la fixation des oughroud. D'autre part, durant la saison hivernale, le Çahara est assez plantureux pour que les bestiaux s'y engraissent sans avoir recours aux halfâtières ; pendant l'été, ils remontent plus au nord, vers le Tell ; enfin, les tiges laissées sur les touffes, quand on exploite à raison de cinq quintaux à l'hectare, constituent encore des masses suffisantes pour protéger les troupeaux contre les froidures de l'hiver et leur constituer la litière, sans laquelle ils périraient infailliblement. L'interdiction des chantiers dans les régions considérées ne nous paraît, par suite, d'aucune utilité.

B. Procédés de reconstitution des peuplements d'halfâ épuisés.

(Cette question a été développée tout au long au chapitre : VÉGÉTATION).

1° *Période de repos, sa durée pour permettre à la plante de reconstituer ses organes et de redevenir industriellement exploitable.*

Les halfâtières épuisées exigent un repos de neuf ans pour leur reconstitution industrielle.

2° *Incinération des touffes épuisées ; saison de cette opération ; réserves à faire sur son emploi à des touffes d'une décomposition avancée ; mise en défens des peuplements incinérés ; sa durée ; bestiaux auxquels elle doit s'appliquer.*

Quand il y a lieu d'incinérer les touffes, cette opération doit être effectuée au moment de l'arrêt complet de la sève. Il est néanmoins indispensable de procéder avec la plus extrême prudence et même de réserver ce traitement pour les touffes qu'il est nécessaire de rajeunir d'une façon absolue, l'expérience ne démontrant pas encore l'innocuité complète de ce système.

On peut laisser pâturer les peuplements incinérés par tous les bestiaux, les chèvres exceptées, durant les deux premières années qui suivent l'incinération ; au troisième printemps, il faudra en interdire l'accès à tous les animaux, si ce n'est aux moutons qui dédaignent la feuille d'halfâ.

3° Semis, mode de récolte et d'emploi de la graine.

Nous avons déjà dit que les semis réussissaient très rarement. Des expérimentateurs sérieux ont même toujours été déçus dans leurs tentatives. Les arabes prétendent que le vent seul sait semer l'halfâ ; toutefois, dans certaines régions, ils affirment également réussir en employant certains procédés. Voici comment opèrent les indigènes dans le pays de Bir el Aater et de Feriana (*frontière Tunisienne*): au moment de la maturité de la graine, la plante est secouée dans un grand *foutah* (drap) et le contenu versé dans un récipient plein d'eau. Après quatre jours d'immersion, ce mélange semi-liquide est semé à la volée, puis recouvert légèrement de terre : la graine lève au bout de quelques jours.

CHAPITRE V.

PROJET DE RÉGLEMENTATION ADMINISTRATIVE.

Titre I. — Terrains d'exploitation.

Article I. – L'exploitation des halfâtières sises sur terrains privés ou *Melk* peut être faite directement ou indirectement par le propriétaire du sol, à la condition d'observer pour cette exploitation les règlements établis aux articles XII et XIII ci-après.

Art. II. — L'exploitation des peuplements halfâtiers dépendant des terrains domaniaux, communaux, de biens *arch* ou *sabega*, a lieu par le moyen d'envoi en concession ou d'adjudication publique, le Gouvernement général ayant préalablement poursuivi, auprès des administrations et des collectivités intéressées, les formalités nécessaires.

Titre II. — Concessions d'Exploitation.

Art. III. — Les concessions ont pour objet le privilège exclusif et temporaire d'exploitation de l'halfa pour des régions déterminées, sans inférer en aucune sorte le droit à la propriété du sol.

Art. IV. — Les concessions sont accordées par le Gouvernement général de l'Algérie, conformément aux conditions stipulées aux articles V, VI, VII, VIII, X, XI, XII, XIII, etc.

Art. V. — Tout français qui en fait la demande peut obtenir une concession d'exploitation halfâtière. Toutefois, il est frappé de déchéance, si dans le délai de deux mois après la délivrance du titre de *Concession conditionnelle* il n'a pas justifié de ses moyens d'exploitation par un dépôt à la Banque de l'Algérie de la somme de 25000 francs, ou par le commencement effectif de l'exploitation. L'une de ces conditions étant remplie, le titre primitif est échangé contre le titre définitif de *Concession régulière*.

Art. VI. — Lorsque plusieurs demandeurs visent la même concession,

17

celle-ci est accordée par adjudication publique. Cette adjudication est annoncée un mois à l'avance par affiches et insertions.

Art. VII. — L'adjudication est faite aux enchères, sur la mise à prix officielle de la redevance annuelle par hectare, dont il est parlé à l'article IX, cette contribution devant s'appliquer à la totalité du bail.

Art. VIII. — L'adjudicataire sera tenu de fournir séance tenante une caution solvable; les frais d'adjudication sont à la charge de l'adjudicataire.

Art. IX. — Les concessions sont accordées moyennant une redevance annuelle fixe de 5 centimes par hectare et une redevance mobile de 15 centimes par tonne exportée. Mais, les concessions dans lesquelles l'halfâ est traité industriellement, en Algérie, ne sont soumises qu'à l'impôt des 5 centimes, relatif à la superficie exploitée.

La redevance annuelle et territoriale de 5 centimes reste la propriété des communes où sont situées les exploitations. La redevance par tonne est partagée entre les mêmes communes et le budget général de l'Algérie dans la proportion de un tiers pour les communes et deux tiers pour l'Administration.

Art. X. — Un tableau des peuplements halfâtiers disponibles est tenu constamment à jour, et affiché à la mairie de toutes les communes ainsi que dans les bureaux des maisons de commandement.

Art. XI. — La durée du bail est de trente années consécutives et commençant au 1er janvier de l'année où la concession est accordée, à quelque date, du reste, qu'elle ait lieu.

Le bail sera renouvelé de plein droit, par tacite reconduction, pour une nouvelle période de trente ans, à moins que des abus n'aient été constatés dans l'exploitation. Il y aura tacite reconduction, si un an avant l'expiration de chacune de ces deux périodes, l'administration n'a pas notifié au concessionnaire ou si celui-ci n'a pas fait notifier au Gouvernement général l'intention de ne pas renouveler le bail.

Tous les ans, une commission dont les membres seront désignés moitié par le concessionnaire et moitié par l'Administration, inspectera les peuplements et constatera leur état.

TITRE III. — EXPLOITATION, JOUISSANCE.

Art. XII. — Dans l'intérêt de la conservation de la plante , l'exploitation de l'halfâ est interdite tous les ans, à moins de décision ou d'autorisation spéciale :

Du 1ᵉʳ décembre au 15 juin, pour tous les pays situés à 800 mètres d'altitude et au-dessous ;

Du 15 décembre au 1ᵉʳ juillet, pour ceux situés entre 800 mètres et 1000 mètres d'altitude ;

Du 1ᵉʳ janvier au 15 juillet , pour ceux situés entre 1000 et 1100 mètres ;

Du 1ᵉʳ janvier au 1ᵉʳ août, par ceux élevés au-dessus de 1100 mètres.

Art. XIII. — L'halfâ doit être récolté feuille à feuille, en déboîtant soit à la main, soit à l'aide du bâtonnet, ou en séparant par section au moyen d'un instrument tranchant, chaque brin, de la tige engaînante. Le nombre de feuilles récoltées doit être tel que la cueillette ne dépasse pas, à l'état vert, le poids de 6 quintaux à l'hectare. Les autres procédés de récolte, qui peuvent avoir pour résultat de déraciner les touffes d'halfâ ou de les trop dégarnir, sont interdits.

Art. XIV. — Si par suite de conflagrations politiques , les régions concédées deviennent inexploitables, ou si par toute autre cause ne provenant pas d'abus de son fait, le concessionnaire se trouve privé de sa jouissance, soit en totalité soit partiellement, il lui sera fait une réduction proportionnelle des sommes à payer , et une indemnité, prélevée sur qui de droit pourra lui être attribuée. Toutefois, la stipulation ci-dessus ne s'étend pas aux cas d'incendie, à moins que l'incendie ne rentre dans la catégorie de faits insurrectionnels ; mais, conformément à l'article 41 du décret des 7-19 août 1868, le concessionnaire ne pourra répéter contre l'État aucun dédommagement ni aucune indemnité.

Art. XV. — Quand la non-jouissance provient de la volonté du concessionnaire, celui-ci doit néanmoins sa redevance annuelle, dont il peut être cependant exonéré dans certains cas, le Conseil de Préfecture entendu.

Art. XVI. — Est réservé, en faveur des indigènes des tribus usagères, le libre exercice de droit de parcours et autres droits d'usage dans les peuplements concédés, en se conformant aux prescriptions des articles XII et XIII. Ces droits de parcours relatifs aux indigènes s'appliquent à leurs troupeaux propres ou en *azib*, au pâturage, campement, usage des eaux, chasse, culture. En ce qui concerne l'halfâ, les indigènes conservent le droit d'en user pour tout ce qui est nécessaire à leurs besoins et à ceux de leurs animaux. Il est bien entendu qu'ils ne peuvent profiter de ce privilège dans un but commercial, à moins d'opérer pour le compte du concessionnaire, ce qui est alors constaté par ses livres. En tout cas, il leur est absolument interdit d'incendier les halfâs, herbes ou broussailles, dans le périmètre ou à proximité de la concession.

Art. XVII. — Les indigènes des tribus ci-dessus visées qui se livrent à la fabrication de la sparterie, pourront exploiter l'halfâ dans leurs parcours respectifs, conformément aux articles XII et XIII, et seulement dans les limites qui leur auront été assignées par l'administration.

Si le concessionnaire n'achète pas l'halfâ récolté par les indigènes en vertu du droit qui leur est réservé, ceux-ci auront la faculté de le vendre à tous autres; mais seulement en dehors du périmètre de la concession dans laquelle leur réserve est enclavée.

Art. XVIII. — Est réservé également pour les troupes et les voyageurs le droit de s'approvisionner en tout temps d'halfâ, dans les limites de leurs besoins, en se conformant aux indications de coupes formulées à l'article XIII. Dans aucun cas, le concessionnaire ne pourra s'opposer à la circulation des Européens et des indigènes à travers les peuplements d'halfâ ; il ne pourra interdire l'usage, ni faire le commerce des eaux aménagées, nécessaires pour les besoins de la vie.

Art. XIX. — Lorsque les agents forestiers jugeront une halfâtière trop chétive pour supporter la coupe, l'interdiction d'extraction pourra être notifiée sans que le concessionnaire puisse réclamer aucune diminution de redevance.

Art. XX. — Le concessionnaire aura droit de créer et de constituer sans autorisation, sur toute la superficie de la région concédée, tous établissements, usines, routes, voies ferrées, puits, bassins, barrages, centres, villages, et d'une façon générale tout ce qui peut faciliter l'exploitation. Mais la création de jardins ou de plantations qui nécessiteraient la destruction de l'*halfa* ne pourra être entreprise qu'avec l'autorisation de l'Administration.

La construction de voies ferrées, d'usines et de puits donneront chacune droit pour le constructeur à la propriété du sol ainsi utilisé, et en outre, suivant le cas, en bordure ou en ceinture et sur l'étendue entière des terres disponibles, à une zone de 10 mètres. Les bâtiments devront être placés en dehors et à 200 mètres au moins des puits ou sources existant déjà et de manière à ne pas les enclaver. La liberté des divers travaux désignés ne s'étend pas au droit d'entreprendre aucune construction de nature à diminuer la quantité d'eau des gîtes, sources, puits ou *Chrdyrs* consacrés par l'usage, soit en les tarissant, soit en les supprimant par drainage. Le concessionnaire pourra, en outre, améliorer les aménagements d'eau en cours d'usage, mais après autorisation, et sans que cela constitue pour lui un privilège.

Art. XXI. — Les chantiers, les ateliers de réception, de séchage, de pesage, de manipulation et d'entrepôt, seront installés sur la concession à la convenance du concessionnaire et sans que l'Administration ait à s'immiscer en rien dans la direction intérieure de l'exploitation, si ce n'est pour ce qui concerne le mode et les époques de récolte.

Art. XXII. — Autour des chantiers, il sera établi, par les soins de l'adjudicataire, une zone de 50 mètres de largeur, débarrassée complètement d'herbes et de broussailles, de manière à arrêter la marche du feu en cas d'incendie.

A défaut par le concessionnaire d'établir cette zone de protection, il sera mis en demeure d'exécuter ce travail dans un délai déterminé, au moyen d'une signification extra-judiciaire. A l'expiration de ce délai, ce travail pourra être exécuté en régie, aux frais du concessionnaire, en vertu d'une décision préfectorale.

TITRE IV. — CONTESTATIONS.

Art. XXIII. — Dans les quatorze jours qui suivront l'envoi en concession, il sera délivré au concessionnaire un titre justificatif, portant copie du plan de l'halfatière concédée et en indiquant les limites. La contenance portée sur ce document servira de base au prix de la redevance fixe annuelle.

Art. XXIV. — Le montant du prix des redevances sera payable à la caisse du receveur des domaines, en deux termes, fixés au 1er janvier et au 1er avril. En cas de retard de payement, les intérêts courront de plein droit sur le pied de 5 % par an, à partir du jour de l'exigibilité des sommes dues.

Art. XXV. — Le concessionnaire sera tenu d'avoir un ou plusieurs gardes assermentés devant le juge de paix, afin d'assurer l'exécution des clauses et des règlements spéciaux arrêtés. Ces gardes seront autorisés à constater par procès-verbaux faisant foi jusqu'à preuve contraire. Les poursuites seront faites par le ministère public.

Art. XXVI. — En cas d'infraction aux clauses des articles XII et XIII, réglementant l'exploitation, la déchéance sera prononcée par le Gouverneur général, s'il est établi que la contravention n'est pas le fait d'un agent inférieur, mais bien le résultat d'ordres formels donnés par le directeur de l'exploitation. Les coupables seront, en outre, passibles des peines prononcées par l'article 144 du code forestier.

Art. XXVII. — La déchéance prononcée dans le cas expliqué à l'article XXVI n'exonérera pas le concessionnaire des redevances dues pour la durée du bail.

Art. XXVIII. — La déchéance pourra également être prononcée contre le concessionnaire, faute par lui d'avoir commencé les travaux dans les délais prescrits par la convention spéciale de concession, ou pour avoir abandonné l'exploitation durant un nombre d'années qui sera également prévu dans la même convention. Tout son matériel fera retour à l'Etat, et sa valeur portée en déduction sur les redevances dues.

Art. XXIX. — Le concessionnaire est civilement responsable des délits et contraventions commis sur sa concession, pour ce qui concerne l'exploitation et la conservation des halfâtières.

Art. XXX. — Le concessionnaire pourra céder ou transporter son bail, sans autorisation de l'Administration ; il n'aura toutefois le droit de traiter que pour la totalité de sa concession, et il restera seul responsable vis-à-vis de l'État ; mais ce dernier perdra tout recours contre le concessionnaire, lorsque l'Administration aura formellement autorisé ou approuvé le transfert.

Art. XXXI. — Le concessionnaire se conformera pour le surplus aux dispositions du Code forestier , de l'ordonnance réglementaire du 1er août 1827, ainsi qu'aux lois et règlements concernant la police des forêts en Algérie. Il sera, en outre, tenu de se soumettre aux clauses spéciales qui seront insérées pour chaque concession à la suite des conditions générales du cahier des charges.

Art. XXXII. — Toutes les contestations auxquelles pourra donner lieu l'exécution du cahier des charges seront portées devant les tribunaux de juridiction de droit commun.

Art. XXXIII. — Le concessionnaire, s'il n'est domicilié dans le ressort du tribunal dans lequel se trouve la concession, devra y faire élection de domicile, ou y avoir un représentant accrédité près de l'Administration; à défaut de quoi, domicile sera pour lui élu de droit au secrétariat général du Gouvernement de l'Algérie, où toutes significations , notifications et assignations lui seront faites valablement.

ERRATA.

Page	Ligne	Au lieu de	Lire
16...	22....	la province d'Alger.....	le sud-ouest de la province d'Alger et dans
—	—	—	le sud de la province d'Oran.
16...	23....	laquelle...............	Cette nappe halfâtière.
17...	9.....	recellent..............	recèlent.
17...	33....	Çahari sont............	Çahari présentent.
18...	1.....	Sahari................	Çahari.
18...	5.....	id................	id.
18...	7.....	id................	id.
18...	11....	id................	id.
18...	12....	Engoud..............	Œrgoud.
18...	13....	reste sur le............	dors avec notre.
18...	16....	Sahari................	Çahari.
18...	25....	il y a................	la silice est en.
18...	26....	donnent..............	déterminent.
18...	28....	donnent..............	développent.
18...	31....	donnent..............	entraînent.
18...	32....	après longueur........	là sont les gîtes de.
18...	33....	donnent de............	facilitent.
19...	25....	ou d'un mouillage arti- ficiel et d'une dessic- cation répétée........	soit à plusieurs mouillages artificiels suivis d'autant de dessiccations au soleil.
20...	5.....	100....................	150.
20...	6.....	1°,5	1°, approximativement.
21...	24....	à cinq	ces cinq.
21...	24....	s'élevant	s'élèvent.
21...	25....	et recélant	la plante porte dès lors.
21...	25....	écoulée et	écoulée en même temps que.
25...	14....	et finissent............	enfin la plante finit.
29...	28....	ajoutez..............	La papeterie d'Essonne (Firmin-Didot).
30...	3.....	ajoutez...............	La plupart de leurs journaux, et entre autres le *Times*, sont imprimés sur du papier d'halfâ.
32...	4.....	après environ	et l'on est même en droit de supposer que dans ce cas le peuplement peut avoir une durée illimitée d'existence..
33...	21....	plusieurs..............	un trop grand nombre de.
34...	1.....	après produire.........	à l'heure.
36...	11....	à part	En sus des feuilles apportées par.
38...	29....	trop élevés............	actuellement absolument inexacts.
40...	22....	chy.............	chyb.
40...	22....	après rtym............	l'âdhem et d'autres légumineuses.
40...	23....	après friands	sans compter que l'élévation de l'épi le met en général hors de leur portée.

Page	Ligne	Au lieu de	Lire
40...	25....	*après* épand...........	cela est, du reste, prouvé par ce fait, qu'avant notre domination en Algérie, d'immenses espaces étaient couverts d'une plantureuse végétation d'halfâ. A cette époque cependant, les troupeaux y paissaient en pleine liberté. Ces peuplements d'halfâ s'y sont maintenus également vigoureux durant notre domination, jusqu'au jour où l'industrie européenne a transformé l'exploitation de la plante en une véritable dévastation.
42...	10....	Sahara................	Çahara.
42...	33....	d'une autre sorte......	d'un ordre purement.
64...	16....	Beaumé..............	Baumé.
69...	24....	Id................	id.
72...	3.....	Id................	id.
74...	21....	*après* zinc............	qui ont pour objet de donner de la blancheur, de l'opacité, et de rendre la pâte apte à recevoir le satinage.
83...	24....	*après* contenues........	dans la matière première.
85...	26....	*après* insuffisante......	et en tout cas inacceptable pour la rédaction des documents dont la longue conservation est précieuse.

Pl. I

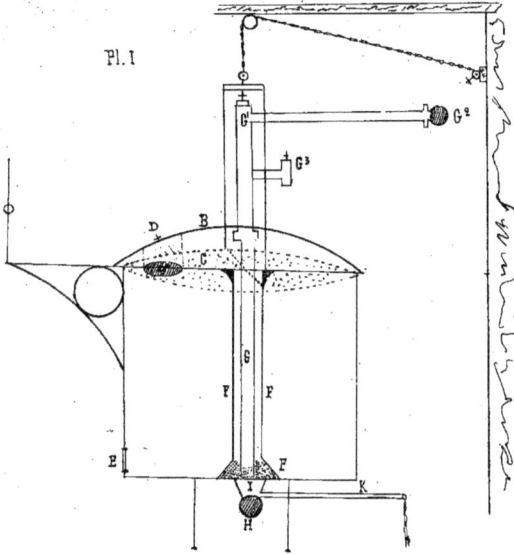

Pl. II

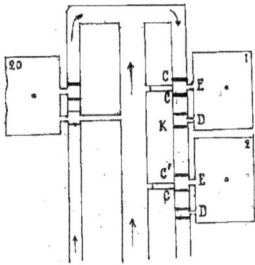

Pl. III.

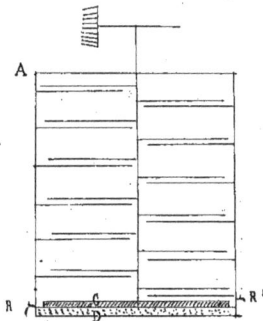

R. Robinet d'écoulement
R': Ecoulement de la pâte
C: Racloir en gutta.
D: Disque perforé

Pl. IV

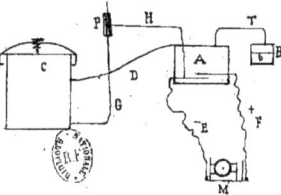

Pl. V

A = Moyeux
B = Bandage
C = Flasque latérale

Pl. VI

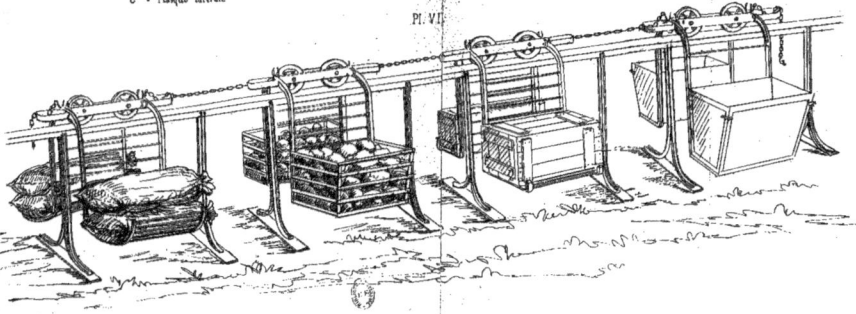

RAILWAY MONORAIL, SYSTÈME LARTIGUE